Neue elektrische Bremsverfahren

für Straßen- und Schnellbahnen

Von

Dr.-Ing. K. Töfflinger
Oberingenieur der Siemens-Schuckert-Werke A.-G.

Mit 54 Textabbildungen

Berlin
Verlag von Julius Springer
1934

Alle Rechte, insbesondere das der Übersetzung
in fremde Sprachen, vorbehalten.
Copyright 1934 by Julius Springer in Berlin.
Softcover reprint of the hardcover 1st edition 1934

ISBN 978-3-642-51219-3   ISBN 978-3-642-51338-1 (eBook)
DOI 10.1007/ 978-3-642-51338-1

Inhaltsverzeichnis.

Seite

Einführung 1
I. Heute übliche elektrische Bremsverfahren 4
  1. Die Anforderungen des Betriebs an die Bremse. 4
    A. Die Verzögerungsbremse. 4
    B. Die Gefahrbremse. 6
    C. Die Gefällebremse 7
    D. Der Entwurf der Bremse 8
  2. Die Widerstandsbremse. 10
    A. Elektrische Einzelheiten 10
    B. Die Bremskennlinien 11
    C. Das Rutschen der Treibräder 13
    D. Die Frischstrombremsen 15
  3. Elektromagnetische Bremsen 15
II. Die Nutzbremse 16
  1. Der Zweck der Nutzbremse. 16
    A. Die Stromersparnis auf dem Gefälle 16
    B. Die Stromersparnis bei der Verzögerungsbremse 17
    C. Andere Aufgaben 21
  2. Vorbedingungen für die Einführung der Nutzbremse 22
    A. An das Netz zu stellende Ansprüche 22
    B. An den Motor zu stellende Ansprüche 24
    C. Wirtschaftliche Bedingungen 26
  3. Nutzbremsschaltungen 26
    A. Der Nebenschlußmotor 26
    B. Der Verbundmotor 28
    C. Schaltungen mit besonderer Erregermaschine 30
      a) Schaltung I, „Summenschaltung" 30
      b) Schaltung II, „Differenzschaltung" 32
      c) Schaltung III 33
      d) Schaltung IV 34
    D. Schaltungen mit veränderlicher Ankerspannung 34
  4. Die Verwendung der Nutzbremsschaltungen und ihre Entwicklung 35
    A. Der Nebenschlußmotor 35
    B. Der Reihenschlußmotor als Nebenschlußmaschine . . . 37

C. Der Verbundmotor 39
D. Der Verbundmotor als Nebenschlußmaschine 43
E. Schaltungen mit besonderer Erregermaschine 44
F. Der Reihenschlußmotor als Verbundmaschine 46
G. Schaltungen mit veränderlicher Ankerspannung 47
5. Vergleich der verschiedenen Nutzbremsschaltungen 48
   A. Allgemeiner Überblick 48
   B. Umbau und Neubau 50
   C. Die Felderregung 51
   D. Vergleich der Schaltungen mit besonderer Erregermaschine 54
6. Steuerungen für Nutzbremsschaltungen 57
   A. Das Einschaltschütz 57
   B. Die mechanische Steuerung 58
   C. Der Überspannungsschutz 59
   D. Die selbsttätige Umschaltung 60

III. Schaltungen mit Erregerbatterie 61
  1. Die Nutzbremse mit Erregerbatterie 61
    A. Verschiedene Betriebserfahrungen 61
    B. Vergleich zwischen Erregerbatterie und Umformer 63
    C. Elektrische Einzelheiten 66
    D. Gefällebremse 68
  2. Die Fremderregte Widerstandsbremse 71
    A. Die Fremderregte Widerstandsbremse mit Parallelwiderstand 71
    B. Die Fremderregte Widerstandsbremse mit Parallelleitung . . 73
    C. Die Fremderregte Widerstandsbremse mit Batterieladung . . 73
    D. Die Betriebssicherheit der Fremderregten Widerstandsbremse 74
  3. Die Verwendung der verschiedenen Bremsarten im Fahrzeug. 76
    A. Die Verzögerungsbremse 76
    B. Die Gefahrbremse 77
    C. Die Gefällebremse 77
    D. Die Umschaltung 78

Schlußbetrachtung 81

Verzeichnis häufig benutzter Abkürzungen und Bezeichnungen.

I = Anker- bzw. Bremsstrom
i = Erregerstrom
n = Drehzahl der Fahrmotoren
P = Bremskraft
t = Zeit
U = Ankerspannung
u = Erregerspannung

V = Geschwindigkeit
Nbr. = Nutzbremse
Wbr. = Widerstandsbremse
Fr.Wbr. = Fremderregte Widerstandsbremse
Φ = Magnetischer Kraftfluß je Pol.

Einführung.

Die Luftbremse wird heute in Deutschland im Gegensatz zur amerikanischen Gewohnheit nur von verhältnismäßig wenigen Straßenbahnen benutzt. Die elektrische Widerstandsbremse ist sogar schon in den Schnellbahnbetrieb eingedrungen, wenn auch der Kampf zwischen beiden Bremsarten, der noch vor wenigen Jahren lebhaft ausgefochten wurde, keineswegs als endgültig entschieden anzusehen ist. Dabei muß jedem, der sich mit der Entwicklungsgeschichte des elektrischen Fahrzeugs befaßt, auffallen, wie wenig sich die Widerstandsbremse innerhalb der letzten 40 Jahre entwickelt hat. Man erreichte wohl ein besseres Zusammenarbeiten der beiden Fahrzeugmotoren, verringerte auch die Gefahr eines Versagens im Falle von Leitungsunterbrechungen, aber im wesentlichen wurde ihre Betriebssicherheit doch nur dadurch gesteigert, daß man es lernte, die Motoren den beim Bremsen auftretenden Beanspruchungen besser anzupassen. Einerseits ist ja das lange Festhalten an der alten Schaltung der beste Beweis dafür, daß sie den Betriebsanforderungen gut entsprochen hat, aber andererseits drängt sich doch der Gedanke auf, ob nicht die vielen Hilfsmittel, über die die heutige Elektrotechnik verfügt, die Anwendung noch besserer Bremsschaltungen ermöglichen.

Die Aufgabe, die Widerstandsbremse zu verbessern, entsteht jedoch keineswegs nur aus dem Wettkampf mit der Luftbremse, sondern auch aus den neuen Anforderungen, die heute mit der Zunahme der Fahrgeschwindigkeiten immer mehr in den Vordergrund treten. Der Wettbewerb mit den Kraftwagen hat ja die elektrischen Bahnen zu immer schnellerem Fahren gezwungen, und es besteht nicht die geringste Veranlassung, diese Entwicklung jetzt schon als beendet zu betrachten.

Höhere Reisegeschwindigkeiten bedingen ein starkes Anwachsen des Verbrauchs von elektrischer Arbeit. Bei einer

Straßenbahn stieg z. B. der Stromverbrauch um 35%, als man die Reisegeschwindigkeit um 10,5% erhöhte[1]. Wären die Fahrzeuge mit Einrichtungen zur Stromrückgewinnung beim Bremsen versehen gewesen, so wäre mit der höheren Reisegeschwindigkeit der Rückgewinn nicht nur um 35%, sondern weit stärker gestiegen, da ja der Wirkungsgrad der Nutzbremse sich mit steigenden Geschwindigkeiten ganz erheblich verbessert. So zeigt dieses Beispiel, wie schnell die wirtschaftliche Bedeutung der Nutzbremse zunimmt. Während sie vor dem Kriege wenigstens bei den auf vorzugsweise ebenen Strecken laufenden Bahnen kaum mehr als wissenschaftliche Aufmerksamkeit beanspruchen konnte, ermöglicht sie heute schon bemerkenswerte Ersparnisse und muß schließlich mit weiterer Zunahme der Geschwindigkeiten zu einer wirtschaftlichen Notwendigkeit werden.

In klarer Erkenntnis dieses Zusammenhanges haben die Bahnverwaltungen und die Hersteller elektrischer Fahrzeugausrüstungen seit ungefähr 10 Jahren die Arbeit an der alten Aufgabe, für den elektrischen Bahnbetrieb geeignete Nutzbremsschaltungen zu entwickeln, wieder mit besonderem Eifer aufgenommen. Sie hatte eigentlich nie ganz geruht, seit Werner von Siemens im Jahre 1880[2] auf diese Möglichkeiten hingewiesen hatte, aber die älteren Schaltungen befriedigten selten, und vor allem waren auch noch die Reisegeschwindigkeiten zu gering, um überhaupt einen lohnenden Rückgewinn zu ermöglichen.

Heute ist diese Arbeit so weit gediehen, daß die auf zahlreichen Bahnen gewonnenen Versuchs- und Betriebsergebnisse ein vergleichendes Urteil über den wirtschaftlichen Wert der verschiedenen Nutzbremsschaltungen ermöglichen, an dem auch die Zukunft nicht mehr viel ändern kann. Es ist daher an der Zeit, ein Bild von dem augenblicklichen Entwicklungsstand zu geben.

Ferner erwiesen sich die bei den neueren Nutzbremsschaltungen verwandten Erregerbatterien als so betriebssicher, daß kaum noch Bedenken vorliegen, sie zur Erregung der Fahrmotoren bei der Widerstandsbremse zu benutzen, um damit auch diese

---

[1] Verkehr und Verkehrsmittel der Großstadt. Verkehrstechn. 1934 S. 25.

[2] Siemens, W. v.: Elektrische Eisenbahnen. Elektrotechn. Z. 1880 S. 47.

wirksamer und betriebssicherer zu machen. Hier entsteht eine Fülle verschiedener Schaltungsmöglichkeiten, so daß die Bremse den verschiedensten Betriebsbedingungen gut angepaßt werden kann: Vor allem aber ist eine Kürzung des Bremsweges zu erwarten.

Stromrückgewinn und Bremswegkürzung, das sind die Forderungen, die mit steigenden Reisegeschwindigkeiten immer wichtiger werden, ja vielfach überhaupt erst das schnellere Fahren ermöglichen.

I. Heute übliche elektrische Bremsverfahren.

1. Die Anforderungen des Betriebs an die Bremse.

A. Die Verzögerungsbremse.

Die Bremse hat zwei verschiedene Aufgaben zu erfüllen: Sie soll die Geschwindigkeit des Fahrzeugs vermindern, es also verzögern, oder sie soll beim Befahren von Gefällen das Einhalten einer gleichbleibenden Geschwindigkeit ermöglichen, insbesondere das Überschreiten einer bestimmten Höchstgeschwindigkeit verhindern. Man unterscheidet demnach zwischen Verzögerungs- und Gefällebremse.

Bei der Verzögerungsbremse ist wiederum Betriebs- und Gefahrbremse getrennt zu betrachten. Bei der ersteren soll das Fahrzeug so zum Stehen gebracht werden, daß der Fahrgast das Bremsen nicht als lästig empfindet, auch wenn sich der Vorgang, wie im Straßenbahnbetrieb, etwa alle 2 min wiederholt. Bei der letzteren kommt es nur darauf an, möglichst schnell anzuhalten, um einen Unfall zu vermeiden: Auf die Bequemlichkeit der Fahrgäste kann dabei keine besondere Rücksicht genommen werden.

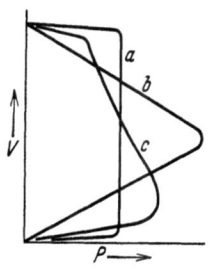

Abb. 1.
Bremskennlinien für Verzögerungs-Betriebsbremse.
V = Geschwindigkeit,
P = Bremskraft am Rad.

Noch heute ist die Ansicht zu finden, die Betriebsbremse wäre für den Fahrgast dann erträglich, wenn nur eine bestimmte größte Verzögerung, für die verschiedene Werte angegeben werden, nicht überschritten wird. Träfe diese Ansicht zu, so erhielte man den kürzesten Bremsweg, wenn die zulässige Verzögerungs-Höchstgrenze und damit die ihr entsprechende Bremskraft am Radumfang während des ganzen Bremsvorganges gleichbleibend gehalten würde, so wie es die Bremskennlinie a in Abb. 1 darstellt.

Diese Art zu bremsen ist jedoch keineswegs zu empfehlen, denn Beginn und Ende des Bremsvorganges würden dabei jedem Fahrgast durch einen lästigen Ruck fühlbar. Es ist ja längst bekannt, daß bei den im Straßen- oder Schnellbahnbetrieb vorliegenden Größenverhältnissen der Fahrgast gar nicht die Verzögerung dV/dt selbst, sondern nur ihre zeitliche Änderung d^2V/dt^2 empfinden kann. Die Erklärung ist so einfach, daß sie hier noch einmal wiederholt werde:

In Abb. 2 ist der Schwerpunkt irgendeines im Fahrzeug befindlichen Gegenstandes mit S bezeichnet. Tritt Verzögerung auf, so greift an S außer der Schwerkraft g auch noch die Verzögerungskraft p an, so daß auf den Gegenstand die vektorielle Summe beider, also $g' = \sqrt{g^2 + p^2}$ wirkt. Das ist die gleiche Wirkung, wie wenn der Gegenstand nicht mehr auf einer waagerechten, sondern auf einer um den Winkel α geneigten Ebene läge, und sich sein Gewicht im Verhältnis $g : g'$ vergrößert hätte.

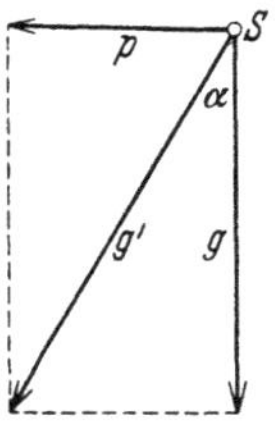

Abb. 2. Zusammensetzung der Schwerkraft g mit der Verzögerungskraft p.

Selbst bei der für Straßen- und Schnellbahnen immerhin schon bedeutenden Verzögerung von 2 m/s² beträgt jedoch diese scheinbare Gewichtsvermehrung erst etwa 2%, ist also für den Fahrgast kaum wahrnehmbar und bestimmt nicht lästig. Dagegen erreicht der Winkel α schon rund 12°, und ein stehender Fahrgast muß sich um diesen Winkel neigen, um nicht umzufallen. Solche Neigungen erfolgen völlig unbewußt, wenn sich die Verzögerung langsam entwickelt. Nur wenn sie schlagartig einsetzt, so wird sie als lästiger Ruck empfunden, auch wenn sie noch nicht einmal 0,5 m/s² erreicht. Es sind das die gleichen Erscheinungen, wie sie beim Einlaufen des Fahrzeuges in Gleisbogen auftreten: Diese wurden schon sehr früh richtig erkannt und durch die Einführung der Übergangsbogen berücksichtigt.

Demnach belästigt den Fahrgast das Bremsen dann am wenigsten, wenn nicht dV/dt, sondern d^2V/dt^2 möglichst klein gehalten wird. Dann hätte der Fahrer die Bremskraft nach der Kennlinie b der Abb. 1 zu regeln. Für den gleichen Bremsweg wäre aber dazu die doppelte Bremskraft wie bei Kennlinie a erforderlich, also eine doppelt so leistungsfähige Bremse. Die

Empfindlichkeit der Fahrgäste ist auch noch nicht so groß, daß bei den für elektrische Bahnen in Betracht kommenden Verzögerungen ein genaues Einhalten der Bremskennlinie b erforderlich wäre. Namentlich gegen Ende des Bremsvorganges sind z. B. geringe Stöße eher zulässig, weil sich dann die Fahrgäste auf das Bremsen vorbereitet haben, an den Handgriffen festhalten usw. Es genügt also, einen Mittelweg zwischen den Kennlinien a und b einzuhalten. Geübte Fahrer bremsen so, wie es Kennlinie c zeigt: Die Bremskraft wird allmählich mit abnehmender Geschwindigkeit gesteigert, so daß sie erst bei geringer Geschwindigkeit ihren Höchstwert P_{max} erreicht, und dann derart vermindert, daß sie im Augenblick des Anhaltens Null wird.

Es bestehen zahlreiche Möglichkeiten, selbsttätige Bremsen zu bauen, d. h. solche, bei denen sich die Bremskraft selbsttätig in Abhängigkeit von der Geschwindigkeit regelt. Der Punkt, an dem das Fahrzeug dann zum Stillstand kommt, ist bei einer selbsttätigen Betriebsbremse durch den Ort und die Geschwindigkeit in dem Augenblick des Bremsbeginns festgelegt. Daraus entstehen jedoch Schwierigkeiten, denn gerade im Straßen- oder Schnellbahnbetrieb ist es oft notwendig, das Fahrzeug mit einer Genauigkeit von 1 m und weniger an bestimmter Stelle halten zu lassen, und vom Fahrer ist die dazu erforderliche Sicherheit im Abschätzen von Geschwindigkeit und Entfernung nicht zu verlangen. Ihm muß also auch bei selbsttätigen Bremsen noch die Möglichkeit gewahrt bleiben, wenigstens kurz vor dem Anhalten die Bremskraft nachzuregeln. Ist diese Bedingung erfüllt, so wird ihm allerdings eine selbsttätige Betriebsbremse den Dienst erleichtern und die Fahrgäste vor unnötigen Bremsstößen schützen.

B. Die Gefahrbremse.

Bei der Gefahrbremse muß die Adhäsion der Treibräder voll ausgenutzt werden. Die Adhäsionskraft nimmt mit fallender Geschwindigkeit zunächst wenig, und erst unmittelbar vor dem Anhalten stärker zu[1], so wie es etwa die Kennlinie a in Abb. 3 darstellt. Dieser Kurve muß sich die Bremskennlinie so genau wie irgend möglich anschmiegen, denn jede Verminderung der Bremskraft bedeutet eine Verlängerung des Bremsweges, und jedes

---

[1] Zum Beispiel Zuidweg: Die Ausnutzung des Reibungsgewichtes elektrischer Lokomotiven. Elektrotechn. Z. 1920 S. 425.

Die Anforderungen des Betriebs an die Bremse. 7

Überschreiten der Adhäsionsgrenze bringt die Räder zum Rutschen, verlängert also den Bremsweg noch mehr. Da das genaue Regeln der Bremskraft im Gefahrfalle an die Kaltblütigkeit des Fahrers hohe Anforderungen stellt, wäre es ein großer Fortschritt, wenn man die Gefahrbremse völlig selbsttätig arbeiten lassen könnte. Dabei entstehen jedoch Schwierigkeiten dadurch, daß die Adhäsionsgrenze in hohem Maße vom Zustand der Schienen abhängig ist. Eine selbsttätige Gefahrbremse wäre also auf den Mindestwert der Adhäsion einzustellen, der bei gesandeten Schienen überhaupt auftreten kann. Es erscheint dann möglich, daß bei besserem Schienenzustand ein geübter Fahrer mit nicht selbsttätiger Bremse kürzere Bremswege erzielt.

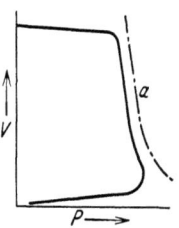

Abb. 3. Bremskennlinie für Gefahrbremse.
V = Geschwindigkeit,
P = Bremskraft,
a = Adhäsionsgrenze.

C. Die Gefällebremse.

Wenn auf dem Gefälle eine bestimmte Geschwindigkeit eingehalten werden soll, so ist bei etwas langsamerer Fahrt die Bremse sofort zu lösen, bei nur wenig schnellerer aber wieder anzuziehen. Die Bremskraft ist also nach der Kennlinie a der Abb. 4 zu regeln, und man sieht, daß diese um so flacher liegen muß, je genauer die Geschwindigkeit eingehalten werden soll. Selbsttätig wirkende Bremsen müßten also auch nahezu waagerecht liegende Kennlinien erhalten.

Es kommt bei den auf bergigen Strecken laufenden Fahrzeugen nur selten vor, daß alle Gefälle mit der gleichen Geschwindigkeit befahren werden müssen. Meistens fährt man auf geringen Gefällen schneller als auf den starken und muß noch dazu Rücksicht auf den Straßenverkehr, die Gleisbogen usw.

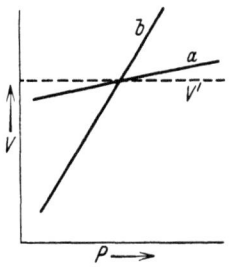

Abb. 4. Bremskennlinien für Gefällebremse.
V = Geschwindigkeit,
P = Bremskraft,
V' = Einzuhaltende Geschwindigkeit.

nehmen, hat also die Geschwindigkeit ständig zu regeln. Auch eine selbsttätige Bremse müßte daher mindestens so viele Fahrstufen besitzen, wie Geschwindigkeiten einzuhalten sind, und dann ist wieder ein Irrtum des Fahrers möglich, so daß der wichtigste Vorzug der selbsttätigen Bremse doch verlorengeht.

8 Heute übliche elektrische Bremsverfahren.

Ein großer Nachteil des flachen Kennlinienverlaufs ist, daß heftige Brems- oder Fahrstöße entstehen, wenn die Geschwindigkeit des Fahrzeugs nicht genau der betreffenden Bremsstufe entspricht. Bei steilerer Kennlinienlage, wie z. B. durch Linie b in Abb. 4 dargestellt, besteht diese Gefahr praktisch nicht mehr.

D. Der Entwurf der Bremse.

Da die meisten Großstädte in ebenem Gelände liegen, kommt für die Mehrzahl der elektrischen Bahnen nur die Verzögerungsbremse in Frage. Ihre Bedienung wird am einfachsten, wenn die Bremskennlinien der einzelnen Stufen so verlaufen, wie es etwa Abb. 5 zeigt. Der Fahrer braucht dann, wenn er die nötige Übung besitzt, höchstens am Ende des Bremsvorganges die Stufe zu wechseln. Kreuzt die letzte Stufe, etwa wie Stufe 2, bei schlechtem Schienenzustand noch nicht die Adhäsionsgrenze, so kann der Fahrer auch beim ,,Durchreißen", d. h. bei unbedachtem plötzlichen Einschalten der letzten Bremsstufe, die Treibräder noch nicht zum Rutschen bringen. Bei einfachen Verkehrsverhältnissen, insbesondere dort, wo mit einigermaßen gleichbleibenden Adhäsionsverhältnissen gerechnet werden darf, ermöglicht also ein derartiger Kennlinienverlauf eine nahezu völlig stoßfreie Bremsung mit ganz geringer Bremsstufenanzahl.

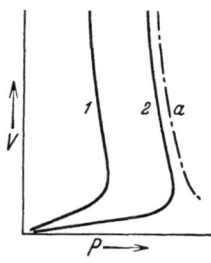

Abb. 5. Günstigste Bremskennlinien für Verzögerungsbremse.
a = Adhäsionsgrenze,
1 = Betriebsbremse,
2 = Gefahrbremse.

Wenn jedoch die Bremskennlinien der einzelnen Stufen so flach verlaufen, wie es in Abb. 6 dargestellt ist, so müssen, ganz unabhängig von dem zu erzielenden Bremsweg, stets sämtliche Stufen der Reihe nach eingeschaltet werden, um das Fahrzeug aus hoher Geschwindigkeit zum Stehen zu bringen. Dabei schwankt die Bremskraft um einen Mittelwert P_m, der für die Länge des Bremsweges maßgebend ist. Damit aber bei Gefahrbremsungen das Rutschen der Räder vermieden wird, müssen die Spitzenwerte der Bremskraft, P_{max}, unterhalb der Adhäsionsgrenze bleiben. Der Bremsweg wird also im Verhältnis $P_{max} : P_m$ verlängert. Außerdem gehört Übung und Geschick dazu, stets im günstigsten Augenblick den Stufenwechsel vorzunehmen, sonst wird der Bremsweg noch länger.

Die Anforderungen des Betriebs an die Bremse.

Je flacher also die Bremskennlinien liegen, desto mehr Fahrstufen sind erforderlich, damit die Adhäsionskraft gut ausgenutzt werden kann, und desto mehr Übung braucht der Fahrer. Umgekehrt ist wieder mit Bremskennlinien nach Abb. 6 das Befahren von Gefällen einfacher: Der Fahrer hat nur diejenige Stufe einzustellen, die der gewünschten Geschwindigkeit entspricht, und kann dann den Wagen nahezu sich selbst überlassen, selbst wenn sich die Neigung der Strecke ändert. Mit steil verlaufenden Kennlinien nach Abb. 5 dagegen wäre zwar der Dienst auf dem Gefälle auch keineswegs unmöglich, wie es oft dargestellt wird, aber immerhin unbequemer, da je nach der Geschwindigkeit die Bremsstufen zu wechseln sind. Für kurze Gefälle kann ein solches Verfahren ausreichen, auf langen aber dürfte es Fahrer und Fahrgäste in gleicher Weise ermüden.

Verzögerungs- und Gefällebremse stellen also im allgemeinen gerade die entgegengesetzten Bedingungen. Verbessert man die eine, so erschwert man die andere. Beim Entwurf von Bremsen für Bahnen, die in steigungsreichem Gelände arbeiten sollen, wird man also weder zu steile noch zu flache Kennlinien wählen dürfen, sondern etwa solche, wie Kurve b in Abb. 4. Es darf dabei nicht vergessen werden, daß die Verzögerungsbremse, insbesondere die Gefahrbremse, auch auf dem Gefälle ebenso wichtig bleibt wie auf ebenen Strecken und daß eine schlechte Gefällebremse so lange noch keine Betriebsgefahr darstellt, wie man sich auf die Gefahrbremse verlassen kann. Die Wahl einer zu steilen Kennlinie, die gelegentlich auf dem Gefälle einen Wechsel der Bremsstufe notwendig macht, ist also stets besser zu verantworten, als die Wahl einer zu flachen, die bei nicht sehr großer Bremsstufenanzahl eine schlechte Ausnutzung der Adhäsionskraft, also einen längeren Bremsweg im Gefahrfalle bedingt. Am besten ist es natürlich, wenn für Gefälle- und Verzögerungsbremse getrennte Einrichtungen vorgesehen werden können.

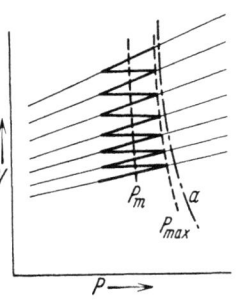

Abb. 6. Gefahrbremse bei flacher Lage der Bremskennlinien.
a = Adhäsionsgrenze,
P_{max} = Bremskraft-Höchstwerte,
P_m = Bremskraft-Mittelwerte.

2. Die Widerstandsbremse.

A. Elektrische Einzelheiten.

Die Widerstandsbremse, die in folgendem durch Wbr. abgekürzt bezeichnet werde, ist heute so allgemein bekannt, daß hier nur diejenigen Einzelheiten zu erwähnen sind, denen beim Vergleich mit anderen Bremsarten Bedeutung zukommt. Da die Möglichkeiten zu ihrer Verbesserung behandelt werden sollen, sind dabei ihre unerwünschten Eigenschaften besonders hervorzuheben.

Zur Wbr. werden die Motoren ebenso wie für Rückwärtsfahrt gepolt. Daß man „wegen der Remanenz" nur die Anker, nicht aber die Felder umpolen dürfe, ist ein heute noch verbreiteter Irrtum. Für diese Umschaltung ist in den meisten Fahrschaltern eine besondere Walze, die sog. Bremswalze, vorgesehen.

Die Bremskraft ist, wie bei allen Gleichstrommaschinen, proportional dem Produkt von Bremsstrom und magnetischem Kraftfluß, also, da der letztere durch den Bremsstrom erregt wird, allein durch ihn bestimmt. Die Bremsleistung läßt sich darstellen als das Produkt von Bremsstrom und Ankerspannung, oder auch von Bremskraft und Geschwindigkeit. Der Geschwindigkeit wird daher, bei gleichbleibender Bremskraft, die Ankerspannung nahezu proportional.

So müssen hohe Ankerspannungen entstehen, wenn bei hoher Geschwindigkeit kräftig gebremst werden soll, wie es gerade bei der Gefahrbremse oft vorkommt. Dabei kann an den Kommutatoren das Doppelte oder Dreifache der Nennspannung auftreten. Bei zu heftigem Bremsen kommen allerdings die Räder sofort ins Rutschen, so daß die höchsten Spannungsspitzen nur während kurzer Zeit bestehen können. Trotzdem sind sie beim Entwurf der Motoren zu berücksichtigen, denn sonst besteht die Gefahr, daß Rundfeuer auftritt, den Kommutator beschädigt und die Bremswirkung stört. Nicht jeder Motor ist also ohne weiteres zur Wbr. geeignet, und oft muß man eine größere Anzahl von Kommutatorstegen wählen, so daß die Wbr. den Motor verteuert. Ferner ist zur ausreichenden Regelung ein größerer Widerstand als zum Anfahren erforderlich. Auch er bedeutet eine, wenn auch geringe Verteuerung der Ausrüstung.

Die Bremswirkung kann nur einsetzen, wenn vom vorangegangenen Fahrbetrieb her in den Motoren noch ein magnetischer Restfluß vorhanden ist. Er wird durch den sich entwickelnden Bremsstrom sehr schnell verstärkt, aber immerhin ist zu diesem Selbsterregungsvorgang noch eine gewisse Zeit erforderlich. Obwohl sie nur einen kleinen Bruchteil von einer Sekunde erreicht, bleibt sie nicht immer ohne merklichen Einfluß auf die Länge des Bremsweges, denn bei 36 km/h wird in $^1/_{10}$ s bereits 1 m zurückgelegt. Beim Vergleich mit anderen Bremsarten ist aber nicht zu übersehen, daß jedes Relais oder Ventil ähnliche Zeitabschnitte zu seiner Arbeit braucht.

Wenn die Geschwindigkeit beim Bremsbeginn sehr klein ist, so entsteht im ersten Augenblick nur eine kleine Ankerspannung. Sind einzelne Kontakte des Bremsstromkreises, zu denen hier auch Kommutator und Bürsten zu rechnen sind, nicht in einwandfreiem Zustand, so entwickelt sich unter Umständen kein Strom, und die Bremse versagt. Dieser Fall ist aber bei guter Instandhaltung selten. Außerdem weiß man ihm heute durch viele Mittel zu begegnen: Die Kontakte werden so gebaut, daß sie etwaige Verunreinigungen beim Einschalten von selbst zur Seite schieben, sie erhalten Silberauflagen (Silberoxyd ist im Gegensatz zu Kupferoxyd ein guter Leiter), und vor allem verwendet man solche Schaltungen, bei denen trotz Unterbrechung einer Leitung immer noch eine, wenn auch meistens geringere Bremswirkung entwickelt wird.

Ist überhaupt kein Restfluß vorhanden, so tritt die Selbsterregung nicht auf, und die Bremswirkung bleibt ganz aus. Daß solche Fälle auch bei zweimotorigen Fahrzeugen vorkommen, ist von den Gegnern der Wbr. oft behauptet, aber kaum überzeugend nachgewiesen worden. Ist diese Erscheinung tatsächlich möglich, so kann sie jedenfalls nur außerordentlich selten sein, und dann muß beim Vergleich mit einer anderen Bremsart untersucht werden, ob nicht bei jener aus anderen Gründen häufigere Versager auftreten.

B. Die Bremskennlinien.

Die Abb. 7 zeigt ein Beispiel für den Verlauf der Bremskennlinien bei der Wbr. Sie liegen recht flach, und man braucht deshalb eine größere Anzahl von Bremsstufen, bei Straßenbahnen meistens 6 ... 7, bei Schnellbahnen noch mehr, um die beim Fortschalten entstehenden Bremskraftänderungen klein genug zu halten und um bei der Gefahrbremse die mittlere Bremskraft nahe genug an die Adhäsionsgrenze heranzubringen. Trotzdem brauchen auch geschickte Fahrer einen um etwa 20% längeren Bremsweg als den, der sich bei restloser Ausnutzung der Adhäsionsgrenze ergeben würde. Die Form der Bremskennlinien ist also nicht als günstig für die Verzögerungs-, am wenigsten für die Gefahrbremse zu bezeichnen, dagegen gut geeignet für die Gefällebremse.

Daraus entsteht die Frage, ob nicht mit einfachen Mitteln eine steilere Lage der Bremskennlinien erreicht werden kann. Hierzu wären vor allem die Mindestgeschwindigkeiten, auf denen bei jeder einzelnen Bremsstufe die Bremswirkung einsetzt, zu senken. Bei der Wbr. ist die vom Anker entwickelte Spannung, wenn man von den Ohmschen Spannungsfällen im Anker absieht,

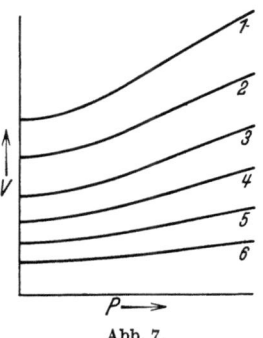

Abb. 7. Bremskennlinien einer Wbr.

$$U = \Phi n K,$$

wobei, wie üblich, Φ den Kraftfluß, n die Drehzahl und K einen durch die Ankerwicklung gegebenen festen Wert bedeutet. Die gleiche Spannung U liegt dann auch an den Klemmen des Bremswiderstandes R, also:

$$U = IR,$$

wenn der Bremsstrom mit I bezeichnet wird.

Nach Abb. 8 ergibt sich für $\Phi n K$ eine Kurve, in der sofort die sog. Magnetisierungskurve des Motors zu erkennen ist, während IR durch eine den Koordinatenanfangspunkt schneidende Gerade dargestellt wird. Es kann sich also immer nur derjenige Betriebspunkt einstellen, der durch den Schnittpunkt der IR-Geraden mit der $\Phi n K$-Kurve gekennzeichnet ist. Gibt es keinen solchen Schnittpunkt, so kommt auch keine Bremswirkung zustande.

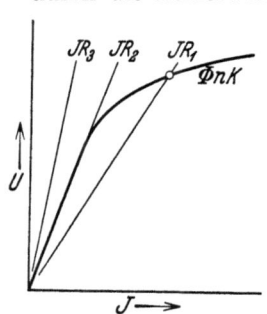

Abb. 8. Spannungen und Ströme bei der Wbr.

In Abb. 8 liefert der große Widerstand R_3 keinen Schnittpunkt, also auch keine Bremswirkung bei der Drehzahl n, dagegen kann mit dem kleinen Widerstand R_1 gebremst werden. Der größte Widerstand, mit dem gerade noch Bremskraft erreicht wird, ist R_2. Wenn also schon bei dem großen Widerstand R_3 die Bremse einsetzen soll, ohne daß die Drehzahl erhöht wird, so muß das geradlinige Anfangsstück der Magnetisierungskurve steiler ansteigen. Das erreicht man bekanntlich durch Verkleinern des Luftspaltes zwischen den Hauptpolen und dem Anker. Dagegen bestehen heute keine besonderen Bedenken mehr, da Bahnmotoren doch stets Wälzlager erhalten. Damit aber durch den kleinen Luftspalt die Krümmung der Magnetisierungskurve nicht zu scharf wird, empfiehlt es sich, den Polschuhen solche Formen zu geben, daß sie nur in der Polmitte der Ankeroberfläche nahe kommen. Damit erreicht man etwa die durch Kurve a in Abb. 9 dargestellte Form, die auch noch manchen anderen Vorteil bei Bahnmotoren bringt, und deshalb häufig ausgeführt wird.

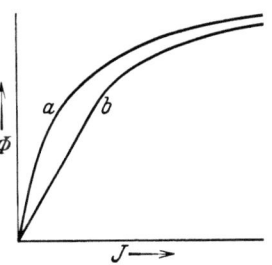

Abb. 9. Magnetisierungskurven von Bahnmotoren.
a = günstig
b = ungünstig } für Wbr.

Durch solche Mittel gelingt es zwar, den Einsatz der Bremse auf etwas niedrigere Geschwindigkeiten zu verlegen und auch etwas weicher zu machen, aber es läßt sich niemals erreichen, daß schon beim stillstehenden Fahrzeug Bremswirkung auftritt. Wenn trotzdem, wie bekannt, auf ebener Strecke allein durch Anwendung der Wbr. das Fahrzeug vollkommen angehalten werden kann, so ist das nur eine Folge des Fahrwiderstandes und der magnetischen Remanenz.

C. Das Rutschen der Treibräder.

Daß die Wbr. bei stillstehenden Rädern keine Bremskraft entwickeln kann, bringt andererseits wieder den Vorteil, daß die Achsen niemals während längerer Zeit „blockiert" bleiben und deshalb flache Stellen in den Radreifen nicht so leicht wie bei Klotzbremsen entstehen.

Dafür tritt bei zu heftigem Bremsen eine andere, ebenfalls unerwünschte Erscheinung auf. Nach den Kennlinien der Abb. 7 sollte man eigentlich erwarten, daß, wenn die Bremskraft die Reibungsgrenze überschreitet, der Motor ein wenig langsamer läuft, und zwar nur um so viel, daß er gerade diejenige Bremskraft entwickelt, die der Reibungsgrenze bei dem betreffenden Schlupf entspricht. Diese Drehzahl sollte er so lange beibehalten, bis sich das Fahrzeug auf die ihr entsprechende Geschwindigkeit verzögert hat, und damit wäre das Rutschen beendet. Tatsächlich aber spielt sich der Vorgang, wie überall leicht zu beobachten ist, etwas anders ab:

Bei zu heftigem Bremsen steht der Motor augenblicklich ganz oder nahezu still, und beginnt erst nach kurzer Zeit wieder, sich schneller zu drehen. Beim Einschalten jeder weiteren Stufe kann sich das gleiche Spiel wiederholen. Das Hin- und Herpendeln der Motordrehzahl ist natürlich unerwünscht, weil der Schlupf den Bremsweg verlängert, wenn auch nicht in dem Maße, wie bei dem bekannten völligen Festsetzen der Achsen durch die Klotzbremse.

Heute ist diese Erscheinung völlig geklärt[1]. Viele verschiedene Ursachen wirken dabei zusammen, aber die maßgebende Rolle spielt die Selbstinduktion des Bremsstromkreises. Bezeichnet man sie mit L, so wird der Bremsvorgang durch die Gleichung beschrieben:

$$\Phi n K = I R - L \frac{dI}{dt}.$$

Wenn $L \frac{dI}{dt}$ groß wird, so muß $\Phi n K$ klein, unter Umständen sogar Null oder negativ sein, der Motor also sehr langsam laufen, stehenbleiben oder sich sogar rückwärts drehen. Will man diese unerwünschten Schlupferscheinungen verringern, so ist daher die Selbstinduktion des Bremsstromkreises möglichst gering zu halten. Sie liegt zu großem Teil in den Feldwicklungen des Motors. Sind sie mit Anzapfungen versehen, so könnte man zwar mit geschwächtem Feld bremsen. Die Bremse setzt dann sanfter ein, aber sie wirkt bei niedrigen Geschwindigkeiten noch weniger, so daß dieses oder ähnliche Mittel nur in Sonderfällen brauchbar sind. Liegen im Bremsstromkreis noch Schienenbremsen, so werden Selbstinduktion und Schlupf wesentlich verstärkt, aber ein Nachteil entsteht daraus nicht, weil die Schienenbremse die Bremskraft von der Adhäsionsgrenze der Treibräder unabhängig macht.

---

[1] Grünholz-Bethke: Wirkungsweise der elektrischen Kurzschlußbremsung. Elektr. Bahnen 1925 S. 134.

D. Die Frischstrombremsen.

Wenn bei ganz langsamer Fahrt oder im Stillstand Bremswirkung erzielt werden soll, so muß dem Bremsstromkreis elektrische Leistung zugeführt werden. So kommt man zu den unter dem Namen „Frischstrombremsen" zusammengefaßten Schaltungen.

Es gibt eine Fülle verschiedener Schaltmöglichkeiten. Meistens wird die Felderregung durch den Frischstrom unterstützt, aber die kräftigste Bremswirkung bis zum Stillstand erzielt man dadurch, daß die Motoren, genau so wie beim Anfahren, für umgekehrte Fahrtrichtung arbeiten („Gegenstrombremsung"). Wird diese Bremsart aber bei zu hoher Geschwindigkeit angewandt, so entsteht ein heftiger Stromstoß, der Wagenselbstschalter spricht an und die Bremswirkung hört auf. Die Schaltung ist also nur für Sonderfälle brauchbar.

Alle Frischstrombremsen sind auf die Fahrleitungsspannung angewiesen, entsprechen also nicht den Bedingungen, die man an eine Gefahrbremse stellen muß. Im allgemeinen sind daher nur solche Schaltungen brauchbar, bei denen der Frischstrom eine ohnehin vorhandene Bremswirkung verstärkt. Ist jedoch eine Batterie, auf deren Arbeitsfähigkeit man sich jederzeit verlassen kann, im Fahrzeug vorhanden, so kann diese zur Verbesserung der Wbr. herangezogen werden, und es ergeben sich Schaltungen, die allen Anforderungen der Gefahrbremse Genüge leisten.

3. Elektromagnetische Bremsen.

Da beim neuzeitlichen Triebwagen jede Achse mit so starken Motoren besetzt wird, daß ihre Adhäsion beim Bremsen voll ausgenutzt werden kann, kommen elektromagnetische Bremsen fast nur noch in den Beiwagen zur Verwendung. Die Schienenbremse schafft sich jedoch den nötigen Adhäsionsdruck selbst. Während sie früher auf die Bahnen in stark bergigem Gelände beschränkt war, findet sie heute immer weitere Verbreitung, weil sie allein eine Steigerung der Verzögerung ohne Rücksicht auf die Adhäsion der Treibachsen gestattet.

Schon wegen der Abnutzung der Gleitschuhe und Schienen wird sie hauptsächlich als Gefahrbremse angewandt und meistens von den in Wbr.-Schaltung arbeitenden Motoren gespeist. Infolge ihres remanenten magnetischen Flusses liefert sie dabei auch noch bis zum Stillstand Bremskraft.

Alle elektromagnetischen Bremsen können ihre Vorteile nur dann voll entwickeln, wenn sie von einer im Wagen aufgestellten Batterie gespeist werden. Auf Bahnen mit schwierigen Steigungsverhältnissen hat sich insbesondere die durch Batterie betriebene Schienenbremse bewährt[1].

II. Die Nutzbremse.
1. Der Zweck der Nutzbremse.
A. Die Stromersparnis auf dem Gefälle.

Wenn man sich schon in der Frühzeit des elektrischen Bahnbetriebs mit der Aufgabe befaßte, die beim Bremsen frei werdende Arbeit nicht mehr nutzlos an den Bremsklötzen oder in Widerständen zu vernichten, sondern sie in die Fahrleitung zurückzugeben, so wollte man vor allem den großen Stromverbrauch der steigungsreichen Strecken herabsetzen, die Nutzbremse (weiterhin durch Nbr. abgekürzt) also als Gefällebremse verwenden. Die oft recht hoch gespannten Erwartungen wurden jedoch nicht immer erfüllt, denn man beachtete zu wenig folgende Zusammenhänge:

Die Neigung einer Strecke betrage $s^0/_{00}$, der Steigungswiderstand also s kg/t. Der Fahrwiderstand einschließlich Krümmungswiderstand sei w kg/t, und der Motor habe einschließlich seiner Vorgelege den Wirkungsgrad 1, sowohl im Motor- wie im Generatorbetrieb. Die Stromaufnahme des Fahrzeugs bei der Bergfahrt wird dann proportional $(s + w)$ und die Stromabgabe bei der Talfahrt proportional $(s - w)$, so daß ein „Gefällewirkungsgrad" eingeführt werden kann, der auf die Größe des Rückgewinns entscheidenden Einfluß hat und festgelegt ist durch die Gleichung:

$$\eta_g = \frac{s - w}{s + w}.$$

Dafür kann man auch schreiben:

$$\eta_g = \frac{s/w - 1}{s/w + 1}.$$

---

[1] Bächtiger: Verbesserungen an der Bremsschaltung der Triebwagen der Städtischen Straßenbahn Zürich. Verkehrstechn. 1932 S. 426.

Der Zweck der Nutzbremse.

In Abb. 10 ist η_g als Abhängige von s/w dargestellt. Man erkennt: Der Gefällewirkungsgrad ist äußerst klein, wenn s nicht wesentlich größer als w ist. Er ist erst 0,5, wenn $s = 3w$. Bei einem Fahrwiderstand von 8 kg/t muß also die Steigung der Strecke mindestens $24^0/_{00}$ betragen, wenn der Gefällewirkungsgrad 0,5 erreicht werden soll, und wenn der Wirkungsgrad des Motors mit seinen Vorgelegen beim Fahren ebenso wie beim Bremsen 0,89 ist, so wird durch die Nbr. eine Stromersparnis von $50 \cdot 0{,}89 \cdot 0{,}89 = 40\%$ erreicht. Auf einem Gefälle von $10^0/_{00}$ hat bei diesem Fahrwiderstand die Nbr. überhaupt keinen Sinn.

Da die Größe des Gefällewirkungsgrades allein durch das Verhältnis s/w bestimmt wird, ist die Höhe der durch die Nbr. erreichbaren Stromersparnis nicht nur von der Steilheit der Strecke, sondern in genau dem gleichen

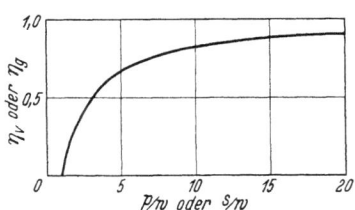

Abb. 10. Verzögerungswirkungsgrad $\eta_v = \dfrac{p-w}{p+w}$ und Gefällewirkungsgrad $\eta_g = \dfrac{s-w}{s+w}$.

Maße auch von dem Fahrwiderstand abhängig. Wenn man z. B. durch Verbessern der Fahrzeuge oder des Oberbaus den Fahrwiderstand auf die Hälfte senken kann, so steigert man die Stromersparnis auf dem Gefälle im Verhältnis zum Verbrauch auf der Steigung in der gleichen Weise, wie wenn man die Steigung verdoppelt hätte.

Wenn sich also auf einer Strecke bei früheren Versuchen ergeben hat, daß die erhoffte Stromersparnis durch die Nbr. nicht erreicht wurde, so braucht man die alte Messung heute nicht mehr als maßgebend anzusehen, weil im Laufe der Jahre die Fahrwiderstände erheblich kleiner geworden sind. Rechnete man noch um die Jahrhundertwende mit 15 kg/t[1], so ist heute 8 kg/t bei Rillenschienen ein für vorsichtige Entwurfsrechnungen geeigneter Wert, und auf Kopfschienen ergeben sich nur 4 kg/t und weniger.

B. Die Stromersparnis bei der Verzögerungsbremse.

Bei der Verzögerungsbremse ergibt sich die Größe der rückzugewinnenden elektrischen Arbeit aus der kinetischen Energie

---

[1] Zehme: Die Betriebsmittel der elektrischen Eisenbahnen, S. 181. Wiesbaden 1903.

des Fahrzeugs. Sie ist also proportional dem Quadrat derjenigen Geschwindigkeit, die im Augenblick des Einsatzes der Bremse vorhanden ist. Diese Geschwindigkeit, die V_b genannt werde, betrug um die Jahrhundertwende meistens nur etwa 15 km/h, so daß die kinetische Energie des Fahrzeugs noch nicht 2,5 Wh/t erreichte. Dieser Betrag war zu klein, um eine Nbr. lohnend zu machen. Heute aber beginnt bei vielen Straßenbahnen das Bremsen oft bei einer Geschwindigkeit von 30 km/h. Für den Rückgewinn stehen also 10 Wh/t, wie aus Abb. 11 hervorgeht, zur Verfügung. Steigt aber V_b von 30 auf 40 oder gar 50 km/h, so wächst die kinetische Energie von 10 auf 17 und 27 Wh/t. Dabei ist der Einfluß der umlaufenden Massen des Fahrzeugs, der die kinetische Energie im allgemeinen um 10% erhöht, noch nicht berücksichtigt. Mit dem Anwachsen der Reisegeschwindigkeiten steigt also die Bedeutung der Nbr. schnell an.

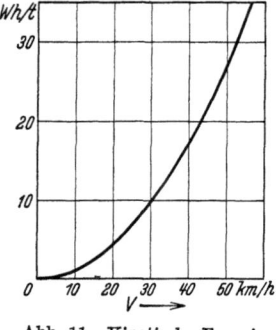

Abb. 11. Kinetische Energie eines Fahrzeugs (ohne Berücksichtigung der umlaufenden Massen).

Ganz ähnlich, wie bei der Gefällebremse, vermindert der Fahrwiderstand den Rückgewinn auch bei der Verzögerungsbremse, denn er verkleinert die Beschleunigung beim Anfahren und vergrößert die Verzögerung beim Bremsen. Setzt man voraus, daß beim Fahren wie beim Bremsen stets das gleiche Drehmoment an der Motorwelle entwickelt wird, so ergibt sich die vereinfachte Fahrschaulinie Abb. 12. Ist der Wirkungsgrad des Motors und der Vorgelege 1, so ruft das Drehmoment eine Zug- oder Bremskraft von p kg je t des Wagengewichts am Radumfang hervor. Die Beschleunigungskraft wird also proportional $p - w$, und die Bremskraft $p + w$. Die Ähnlichkeit mit dem Vorgang beim Befahren von geneigten Strecken fällt auf. Nachrechnungen zeigen, daß man tatsächlich berechtigt ist, wenigstens für Näherungsrechnungen ganz entsprechend dem Gefällewirkungsgrad einen „Verzögerungswirkungsgrad" einzuführen, der durch die Gleichung bestimmt ist:

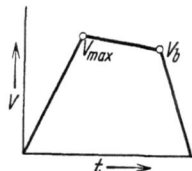

Abb. 12. Vereinfachte Fahrschaulinie.

$$\eta_v = \frac{p - w}{p + w}.$$

Der Zweck der Nutzbremse.

Ist das Verhältnis $p:w$ bekannt, so können die Werte von η_v aus der Abb. 10 abgelesen werden. Nur dann ist also von der Verzögerungs-Nbr. ein lohnender Rückgewinn zu erwarten, wenn das Verhältnis $p:w$ groß genug ist. Um die Jahrhundertwende waren bei den Straßenbahnen Beschleunigungen von 0,20 ... 0,25 m/s² üblich, p betrug also 35 ... 40 kg/t. Beim Fahrwiderstand von 15 kg/t erreichte daher η_v nur etwa den Wert 0,45. Die geringe kinetische Energie konnte also auch nur mit recht schlechtem Wirkungsgrad zurückgewonnen werden, so daß die Verzögerungs-Nbr. noch keinen wirtschaftlichen Sinn hatte.

Heute dagegen liegt p in der Größenordnung von 65 ... 80 kg/t, und w ist 8 oder noch kleiner, so daß η_v etwa gleich 0,8 wird. Mit der höheren Reisegeschwindigkeit ist also nicht nur die Menge der rückzugewinnenden Arbeit erheblich gestiegen, sondern auch der Wirkungsgrad, mit dem sie ausgenutzt werden kann, ist doppelt so hoch geworden als früher. Heute hat er allerdings schon Werte erreicht, die mit weiteren Geschwindigkeitssteigerungen nicht mehr wesentlich anwachsen können.

Die Frage, wie viel von der bei der Anfahrt aufgewandten elektrischen Arbeit beim Anhalten zurückgewonnen werden kann, kann allgemein nicht mit zuverlässigen Zahlen beantwortet werden, weil dazu die Verkehrsverhältnisse und -gewohnheiten der einzelnen Bahnen viel zu starke Unterschiede voneinander zeigen. Den besten Überblick kann man sich noch an Hand von Darstellungen nach Art der Abb. 13 verschaffen. Hier ist für einen bestimmten Fall eines Straßenbahnzuges von 25 t, der mit einer

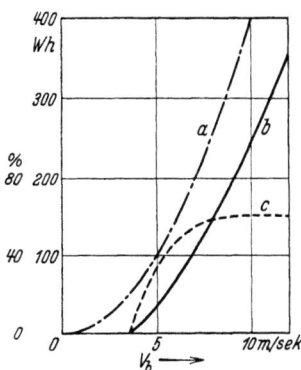

Abb. 13. $a =$ Kinetische Energie eines Straßenbahnzuges, $b =$ In die Fahrleitung zurückgelieferte Bremsarbeit, $c =$ Bremswirkungsgrad $= b:a$.

neuzeitlichen Nbr.-Ausrüstung versehen ist, die keinen Arbeitsmehrverbrauch bei der Anfahrt bedingt, für jede Geschwindigkeit die kinetische Energie aufgezeichnet, sowie die elektrische Arbeit, die dem Fahrdraht wieder zugeführt wird, wenn von dieser Geschwindigkeit aus der Zug, soweit möglich, nur durch die Nbr. verzögert wird. Das Verhältnis dieser Arbeit zur kinetischen Energie ist der Bremswirkungsgrad.

Es ergibt sich:

Beim Bremsen von 5 m/s = 18 km/h aus bringt die Nbr. nur 35 Wh, denn der Bremswirkungsgrad ist schlecht, und die kinetische Energie beträgt auch nur noch 100 Wh. Bei 25 km/h können schon 105 Wh zurückgewonnen werden, bei 30 km/h 162 Wh und bei 35 km/h sogar 230. Das Einschalten der Nbr. bei Geschwindigkeiten unter 18 km/h ist also fast zwecklos. Genau so sinnlos ist es, eine wesentliche Verbesserung der Stromersparnis zu erhoffen, wenn man durch besondere Einrichtungen, auf die später noch zurückzukommen ist, die Nbr. bis zum vollkommenen Stillstand des Wagens ausdehnen will. Nur bei hohen Geschwindigkeiten ist lohnender Rückgewinn möglich. Besonders wichtig werden dadurch die kurzen Zwischenbremsungen, zu denen der Straßenbahnwagen durch die Rücksicht auf den Straßenverkehr außerordentlich häufig gezwungen ist: Eine solche Bremsung von 35 auf 30 km/h bringt z. B. bei dem betrachteten Straßenbahnzug bereits einen Rückgewinn von 230 − 162 = 68 Wh.

Wenn man die Stromersparnis, die sich in irgendeinem Betrieb ergeben wird, vorausberechnen soll, so ist die Aufgabe auch dann noch nicht einfach, wenn die Kennlinien nach Art der Abb. 13 für die betreffenden Zugzusammenstellungen vorhanden sind. Man kann dann zwar sehr schnell die Stromersparnis bestimmen, die sich bei der bekannten mittleren Fahrschaulinie, die für den mittleren Haltestellenabstand entworfen ist, ergeben wird. In Wirklichkeit aber sind fast auf jeder Strecke die Haltestellenabstände im Stadtinnern kurz, in den Außenbezirken lang, und der Straßenverkehr zwingt den Fahrer, bald schneller, bald langsamer zu fahren, als der genaue Fahrplan vorsieht. In der gesamten Fahrzeit gleichen sich solche unvermeidlichen Unregelmäßigkeiten gut aus, beim Stromrückgewinn aber nicht, sondern verbessern sogar die Stromersparnis. In demselben Sinne wirken auch die Zwischenbremsungen[1]. Vorausberechnungen sind also für Straßenbahnen wenig zuverlässig, bedingen sehr genaue Unterlagen über die Unregelmäßigkeiten des Verkehrs und werden außerordentlich zeitraubend. Da die neuzeitlichen Nbr.-Ausrüstungen verhältnismäßig billig sind, dürfte in den meisten Fällen

---

[1] Volckers: Ist die Einführung der Stromrückgewinnung bei Straßenbahnen und Untergrundbahnen wirtschaftlich gerechtfertigt? Verkehrstechn. 1933 S. 562.

der Versuch auf der Strecke zuverlässiger, schneller und mit geringeren Kosten als die Berechnung die Größe der möglichen Stromersparnis erkennen lassen. Von dem Wert der rückzugewinnenden elektrischen Arbeit können Schätzungen folgender Art ein ungefähres Bild liefern: Bei 30 km/h Geschwindigkeit im Augenblick des Bremseinsatzes ist die kinetische Energie eines 20 t-Zuges 200 Wh. Erfolgt alle 2,5 min eine derartige Bremsung, so werden in 15 stündigem Betrieb täglich 72 kWh Bremsarbeit anfallen, die bei einem Strompreis von 7 Pfg./kWh einen Wert von 1500 Mk. je Triebwagen und Jahr darstellen. Davon kann die Nbr. etwa 60% wieder in die Fahrleitung zurückliefern, also etwa 900 Mk. ersparen. Berücksichtigt man noch die Zwischenbremsungen usw., so dürfte die Ersparnis 1000 Mk. erreichen. Wenn jedoch die Geschwindigkeit, bei der das Bremsen beginnt, von 30 auf 40 km/h ansteigen sollte, so wird die Ersparnis von 1000 auf 1770 Mk. je Triebwagen und Jahr anwachsen.

Damit zeigt sich wiederum, wie schnell die Bedeutung der Nbr. zunimmt, wenn die Verkehrsgeschwindigkeiten höher werden. Heute ist bereits bei den meisten Straßenbahnen der mögliche Rückgewinn groß genug, um in kurzer Zeit die Kosten der Nbr.-Einrichtung bezahlt zu machen und dann Ersparnisse abzuwerfen. Da aber der Wettbewerb mit den Kraftwagen die elektrischen Bahnen zu immer weiterer Steigerung der Geschwindigkeiten zwingt und diese Entwicklung kaum als abgeschlossen angesehen werden kann, erscheint der Schluß berechtigt und durch die Erfahrungen der letzten Jahre wohlbegründet, daß die allgemeine Einführung der Nbr. nichts weiter als eine Frage der Zeit ist.

C. Andere Aufgaben.

Das Einschränken der Ausgaben für die elektrische Arbeit ist nicht überall der einzige Beweggrund für die Einführung der Nbr. Oft erscheinen andere Aufgaben wichtiger. Bei den Untergrundbahnen, die ja meistens noch nicht elektrisch gebremst werden, ist z. B. die Menge des erzeugten Bremsstaubes häufig so groß, daß viele Störungen auf ihn zurückgeführt werden müssen. Sie ließen sich durch die Einführung der Wbr. oder Nbr. vermeiden, und die letztere bietet wegen der hohen Beschleunigungen und Verzögerungen dieser Bahnen besondere wirtschaftliche Vorteile.

Bei den Straßenbahnen ist augenblicklich der Fall häufig, daß eine Erhöhung der Reisegeschwindigkeiten infolge des bedeutend größeren Stromverbrauchs eine Verstärkung der Unterwerke und Speiseleitungen bedingen würde. Ohne Nbr. steigt der Verbrauch an elektrischer Arbeit etwa proportional dem Quadrat der Reisegeschwindigkeit und mehr[1], mit Nbr. jedoch nur etwa proportional der Reisegeschwindigkeit selbst. Oder: Wenn durch Einführen der Nbr. eine Stromersparnis von 25% bei den jetzigen Geschwindigkeiten erreicht werden würde, so reichen die gleichen Unterwerke und Speiseleitungen noch aus, wenn die Geschwindigkeiten um etwa 7 ... 10%, je nach den Eigenschaften der vorhandenen Motoren, erhöht werden.

Die starke Zunahme des Rückgewinns bei höheren Geschwindigkeiten hat weiterhin die Folge, daß der Stromverbrauch nicht mehr in gleichem Maße von der Geschicklichkeit des Fahrers abhängt. Um ohne Nbr. mit geringem Stromverbrauch zu fahren, hatte der Fahrer auf lange Auslaufwege zu achten. Man kann ja das Auslaufen auch als eine Art von Nbr. betrachten, die sogar mit sehr hohem Wirkungsgrad arbeitet. Findet ein Auslauf nicht statt, so gewinnt die Nbr. wenigstens einen großen Teil der bei der Anfahrt unnötig verbrauchten elektrischen Arbeit wieder zurück. Sind Verspätungen einzuholen, so ist eine Kürzung des Auslaufs überhaupt nicht zu vermeiden. Die Nbr. ermöglicht also eine freiere Anpassung der Fahrweise an die Verkehrserfordernisse.

Vielfach wird die Bremsarbeit schon jetzt, wenigstens zum Teil, nützlich verwandt, vor allem zur Wagenheizung. Dann kann nur ein Teil des Rückgewinns als Ersparnis betrachtet werden. Außerdem ist bei der Ermittlung der Ersparnis zu beachten, ob sie in kWh oder Ah zu messen ist. Betrachtet man es als Vorteil, daß durch die Nbr. die Netzspannung höher gehalten wird, so ist z. B. der kWh-Wert maßgebend.

2. Vorbedingungen für die Einführung der Nutzbremse.

A. An das Netz zu stellende Ansprüche.

Die Nbr. kann nur dann wirken, wenn die Fahrleitung die rückgewonnene elektrische Arbeit aufnimmt. Wenn der Rück-

---

[1] Verkehr und Verkehrsmittel der Großstadt. Verkehrstechn. 1934 S. 25. — Thomas: Energy consumption on street railways. Electr. Engng. 1934 S. 326.

strom nicht erst weite Entfernungen durchfließen muß, sondern von einem möglichst in der Nähe befindlichen Fahrzeug verbraucht werden kann, so werden unnötige Spannungsabfälle, die den Wert der Stromersparnis beeinträchtigen, vermieden.

Bei den Großstadt-Straßenbahnen ist diese Bedingung im allgemeinen gut erfüllt, da sich infolge des dichten Verkehrs in jedem Netzabschnitt eine größere Anzahl von Fahrzeugen befindet. Eine Ausnahme davon bilden nur die Wagen, die früh als erste den Dienst beginnen oder ihn abends als letzte beenden. Bei den Schnellbahnen kommt es infolge der selbsttätigen Zugsicherungsanlagen mitunter vor, daß die Züge sich genau im Haltestellenabstand folgen, so daß mehrere Triebwagen, die in gleicher Richtung fahren, miteinander nahezu gleichzeitig sowohl anfahren wie bremsen. Dadurch wird der Verbrauch des Rückstroms erheblich erschwert, namentlich wenn die Gleise der beiden Fahrtrichtungen getrennt voneinander gespeist werden.

Besonders häufig kommt es auf langen Außenstrecken mit schwachem Verkehr vor, daß der Rückstrom von anderen Fahrzeugen nicht verbraucht werden kann. Dann muß ihn das Unterwerk aufnehmen. Am besten ist es, wenn dort eine Pufferbatterie aufgestellt ist, denn dann entsteht überhaupt keine Schwierigkeit. Fehlt sie, so muß das Unterwerk die rückgewonnene Leistung in das Drehstromnetz weiterliefern. Dazu ist jeder umlaufende Umformer imstande, falls es sein Relaisschutz gestattet: Oft sind also die Rückstromrelais, die man heute so häufig in den Bahnunterwerken findet, durch andere Schutzeinrichtungen zu ersetzen, bevor man an die Einführung der Nbr. denken kann. In den meisten Fällen genügt es vollständig, wenn in jedem Netzabschnitt wenigstens ein einziger Umformer zum Rückarbeiten eingerichtet ist.

Größere Schwierigkeiten sind zu überwinden, wenn die Strecke ausschließlich durch Gleichrichter versorgt wird, denn diese sind, wenn man von den neuerdings entwickelten und teureren Bauarten absieht, nicht zum Rückarbeiten fähig. Man kann dann einen besonderen Gleichrichter aufstellen, der für Stromrückgabe, d. h. als Wechselrichter geschaltet ist, oder auch einen Belastungswiderstand an die Fahrleitung legen, der sich selbsttätig so lange einschaltet, wie Rückstrom fließt. Dabei ist darauf zu achten, daß sich die Spannung am Widerstand, wenn nicht besondere

Vorsichtsmaßnahmen getroffen werden, proportional mit der Größe des Rückstroms ändert: Bei außergewöhnlich starkem Rückstrom kann also die Fahrleitungsspannung so hoch werden, daß sie Schäden verursacht, vor allem Lampen zum Durchbrennen bringt. Gerade bei langen Außenstrecken werden ja häufig Straßen- oder Haltestellenbeleuchtungsanlagen unmittelbar vom Fahrdraht gespeist, so daß eine nur kurzzeitige Spannungserhöhung empfindlichen Schaden zur Folge haben kann.

Die Frage, wie der Rückstrom zu verbrauchen ist, bedarf also stets sorgfältiger Beachtung, denn es ist schließlich zwecklos, besondere Einrichtungen zu beschaffen, um Ströme zurückzugewinnen, für die eine wirtschaftliche Verwendungsmöglichkeit nicht besteht. Abgesehen von den Großstadt-Straßenbahnen gibt es nur eine Fahrzeuggattung, bei der diese Frage stets gelöst ist: Das ist der Speichertriebwagen.

B. An den Motor zu stellende Ansprüche.

Es wurde bereits im Abschnitt I, 2 A gezeigt, daß die Wbr. sehr hohe Ankerspannungen, die das Dreifache der Nennspannung erreichen, hervorrufen kann, wenn bei hohen Geschwindigkeiten kräftig gebremst werden muß. Bei der Nbr. entstehen diese Beanspruchungen nicht, denn bei ihr ist ja die Ankerspannung, abgesehen von den ziemlich unbedeutenden Ohmschen Spannungsabfällen, durch die Fahrleitungsspannung vollkommen festgelegt. Im allgemeinen arbeiten bei ihr die Motoren sogar, wie später noch genauer zu erörtern ist, nur mit der halben Fahrleitungsspannung, nämlich in Reihenschaltung. Es gibt allerdings auch Nbr.-Schaltungen, bei denen die Ankerspannung durch einen besonderen Umformer geregelt, also von der Fahrleitungsspannung unabhängig gemacht wird: Diese haben aber eine so geringe praktische Bedeutung, daß sie hier nicht weiter zu betrachten sind.

Wenn die Nbr. bei hoher Geschwindigkeit mit niedrigerer Ankerspannung als die Wbr. arbeitet, so folgt daraus ohne weiteres, daß sie bei gleicher Bremskraft oder Bremsleistung höhere Stromstärken bedingt. Bei niedrigeren Geschwindigkeiten besteht zwar gerade das umgekehrte Verhältnis, aber in den weitaus meisten Fällen ist doch die Folge, daß die Nbr. den Anker mehr als die Wbr. erwärmt. Das ist keineswegs immer ein Nachteil, denn es kommt ganz auf die Bauart des Motors an, ob er die Überspannungen der Wbr. oder die Mehrerwärmungen der Nbr. besser verträgt. Bei neu zu erbauenden Maschinen dürfte sogar die geringe Vergrößerung der Querschnitte des Ankerkupfers, welche die Nbr. bedingt, weniger Mehrkosten verursachen, als im allgemeinen die Erhöhung der Anzahl der Kommutatorstege, die wegen der hohen Spannungen bei der Wbr. erforderlich ist, verlangt.

Die neueren Nbr.-Schaltungen bedingen keine Umwicklung der Fahrmotoren. Trotzdem ist es notwendig, festzustellen, ob die Motoranker die durch die Nbr. verursachte Mehrerwärmung, die gegenüber der Wbr. im allgemeinen in der Größenordnung von $10°$ liegen mag, noch ertragen. Andererseits ist auch zu berücksichtigen, daß die Einführung der Nbr. für jene Motoren, die unter den hohen Spannungsbeanspruchungen der Wbr. leiden, eine wesentliche Entlastung bedeuten kann.

Bei der Nbr. wird die Größe des magnetischen Kraftflusses durch die Geschwindigkeit und die Fahrleitungsspannung festgelegt, denn es ist stets:

$$U = \Phi n K.$$

Infolge der Eisensättigung kann auch die stärkste Erregung den Kraftfluß nicht über eine bestimmte Grenze hinaus treiben, und damit ist für jeden Motor die niedrigste Geschwindigkeit, bei der er noch rückarbeiten kann, begrenzt. Bei den heute üblichen Straßenbahnausrüstungen liegt diese Grenze etwa bei 12 km/h. Wenn nun gefordert wird, daß die Nbr. bis zu noch niedrigeren Geschwindigkeiten, z. B. 6 km/h, wirken soll, so bleibt nichts übrig, als entweder die Eisenquerschnitte oder die Windungszahl des Ankers zu verdoppeln. Beides bedingt vollkommen neue, um etwa 35% teurere und schwerere Motoren, die natürlich auch mit schlechteren Wirkungsgraden arbeiten und schon durch ihr größeres Gewicht mehr Stromverbrauch verursachen. Dagegen ist die Verbesserung des Rückgewinns, den sie durch ihre niedrigere Grenzgeschwindigkeit erzielen, nach Abb. 11 ganz unbedeutend. Trotz des großen Aufwandes für die schweren Motoren erreicht man also an Stelle des erhofften größeren Rückgewinns nichts, als einen größeren Stromverbrauch. Es hat also gar keinen Zweck, von der Verzögerungs-Nbr. noch Wirksamkeit bei besonders niedrigen Geschwindigkeiten zu verlangen. Eine Ausnahme besteht nur zuweilen bei der Gefällebremse, wenn sehr stark geneigte Strecken ungewöhnlich langsam befahren werden müssen.

C. Wirtschaftliche Bedingungen.

Wenn der einzige Zweck der Nbr. der ist, durch Einschränken der Ausgaben für die elektrische Arbeit eine Ersparnis zu erzielen, so darf Anschaffung und Unterhaltung der Nbr.-Einrichtung nicht mehr kosten als der Wert des Rückgewinns rechtfertigt. Wenn also, wie in dem in Abschnitt 1 B gebrachten Beispiel, mit einer Stromersparnis im Werte von 1000 Mk. je Triebwagen und Jahr zu rechnen ist, so kann nur eine solche Nbr.-Einrichtung wirtschaftliche Vorteile bringen, die weniger als etwa 3000 Mk. kostet und keine wesentlichen Wartungs- und Instandhaltungsaufwendungen verlangt. Teurere Nbr.-Einrichtungen sind nur brauchbar, wenn sie außer der Stromersparnis noch andere wertvolle Vorteile bringen. Im allgemeinen haben also nur ganz einfache und billige Anordnungen Aussicht auf Erfolg.

Bei der Berechnung des Wertes der Stromersparnis ist zu berücksichtigen, wie die rückgewonnene Leistung verbraucht wird. Kann sie stets unmittelbar von den anderen Fahrzeugen aufgenommen werden, so sind für ihren Wert die Kosten der kWh am Stromabnehmer maßgebend. Wird sie aber vom Unterwerk in das Drehstromnetz geliefert, so ist der Wert durch den niedrigeren Preis der Drehstrom-kWh bestimmt. Bei Speichertriebwagen ist der Wirkungsgrad des Akkumulators nicht zu vernachlässigen.

3. Nutzbremsschaltungen.

A. Der Nebenschlußmotor.

Beim Nebenschlußmotor ist nur ein geringer Anstieg der Drehzahl notwendig, um das treibende Drehmoment zum Verschwinden zu bringen und in ein bremsendes zu verwandeln, d. h. Nbr.-Wirkung hervorzurufen. Die Bremskennlinien, Abb. 14, liegen also fast waagerecht, und nur bei großer Bremskraft und hohen Geschwindigkeiten steigen sie steiler an: Das beruht auf der Ankerrückwirkung, die in diesem Betriebsbereiche besonders stark ist, weil die große Bremskraft einen kräftigen Ankerstrom und die hohe Geschwindigkeit einen kleinen magnetischen Kraftfluß, also geringen Erregerstrom bedingt. Man kann also auch beim Nebenschlußmotor steile Bremskraftkennlinienlage erhalten, wenn man nur für starke Ankerrückwirkung sorgt. Dieses Verfahren ist aber immer nur in engen Grenzen anwendbar, weil die Rückwirkung unerwünschte Erscheinungen hervorruft, z. B. die Eisenverluste auf das Dreifache und mehr steigert und schließlich Rundfeuer auslösen kann.

Die für den Bahnbetrieb ungünstigste Eigenschaft des Nebenschlußmotors ist seine Empfindlichkeit auf plötzliche Spannungsschwankungen, die dadurch begründet ist, daß die große Selbstinduktion der Nebenschlußwicklung schnelle Kraftflußänderungen zu hindern sucht. Demgemäß können auch an den Fahrschalterkontakten, die zur Feldregelung dienen, hohe Spannungen auftreten, die beim Entwurf des Fahrschalters berücksichtigt werden müssen. Theoretisch lassen sich zwar diese Schwierigkeiten bewältigen, vor allem durch transformatorische Verkettung des Anker- und Nebenschlußstromkreises, aber derartige Einrichtungen konnten sich wegen ihres großen Gewichtes und hohen Preises im Bahnbetrieb nicht einführen.

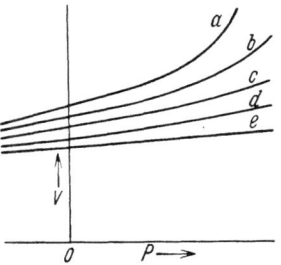

Abb. 14. Bremskennlinien einer Nebenschlußmaschine.

Plötzliche Änderungen der Fahrleitungsspannung können daher heftige Bremskraftstöße hervorrufen, kurzzeitig kann sogar aus einem bremsenden Drehmoment ein treibendes werden und umgekehrt, und schließlich sind auch Kommutatorüberschläge möglich.

Der flache Kennlinienverlauf verlangt eine große Anzahl von Fahrstufen, damit sich die Zug- und Bremskräfte ohne zu große Sprünge regeln lassen: Der Motor arbeitet „hart". Obwohl die Regelung fast ausschließlich im Nebenschlußkreis, in dem nur kleine Ströme fließen, erfolgt, wird der Fahrschalter wegen seiner hohen Stufenzahl doch weder kleiner noch billiger und noch weniger betriebssicherer.

Bei den Straßen- und Schnellbahnen müssen stets zwei oder mehr Motoren miteinander parallel arbeiten. Selbst wenn zwei Nebenschlußmotoren einander vollkommen gleich gebaut sind, so werden sie infolge der unvermeidlichen Abweichungen bei der

Herstellung stets kleine Unterschiede in den Drehzahlen aufweisen, und es müssen sich infolge des flachen Verlaufs der Bremskennlinien sehr große Unterschiede in den Ankerstromstärken einstellen, wenn beide Motoren mit genau gleicher Geschwindigkeit laufen. Im Fahrzeug kommen dazu noch die Unterschiede im Durchmesser der Treibräder. Es ist daher äußerst schwierig, eine gleichmäßige Verteilung der Last auf alle Motoren zu erreichen. Gelegentlich bremst sogar ein Motor, während der andere treibt. Das Ergebnis ist, neben einer schlechten Ausnutzung der Adhäsion, eine unnötig hohe Erwärmung einzelner Motoren.

Für den Betrieb ist ein solches Verhalten nicht tragbar. Man hat deshalb versucht, durch besondere, vom Fahrer einstellbare Ausgleichswiderstände in den Nebenschlußstromkreisen Abhilfe zu schaffen, aber es erweist sich ein ständiges Nachregeln erforderlich, und für Züge, die mehrere Triebwagen enthalten, kann diese Lösung überhaupt nicht befriedigen.

Die Schwierigkeit, die vielen dünnen Nebenschlußwindungen betriebssicher zu isolieren, wurde früher als besonderer Nachteil des Nebenschlußmotors betrachtet. Sie ist längst überwunden, dafür aber sind mit der besseren Ausnutzung der heutigen elektrischen Maschinen andere Bedenken aufgetreten: Die Windungsisolation, die ja wegen der Schaltspannungen kräftig gehalten werden muß, kostet viel Raum und hindert den Abfluß der Wärme aus dem Innern der Spule, so daß auch ein verhältnismäßig starker Kupferquerschnitt gewählt werden muß. Die Feldspulen werden also erheblich größer und schwerer als beim gewöhnlichen Reihenschlußmotor.

Grundsätzlich beheben lassen sich die größten Nachteile des Nebenschlußmotors nur, wenn man seine Bremskennlinien steiler legen, ihn also zu ,,weicherer" Arbeitsweise zwingen kann. Das erfolgt am einfachsten durch Einschalten Ohmscher Widerstände in den Ankerstromkreis. Sie vermindern aber den Wirkungsgrad, sind also nur dort anzuwenden, wo man die Nbr. weniger wegen der Stromersparnis, als anderer Vorteile halber wählte.

B. Der Verbundmotor.

Will man die Bremskennlinien des Nebenschlußmotors steiler legen, ohne den Wirkungsgrad durch Vorschaltwiderstände zu verschlechtern, so muß beim Fahren mit zunehmendem Ankerstrom die Drehzahl gesenkt, der magnetische Fluß also verstärkt werden, und umgekehrt muß beim Bremsen der Ankerstrom feldschwächend wirken. Beide Bedingungen werden erfüllt, wenn der Nebenschlußmotor mit einer Verbundwicklung versehen wird, die beim Fahren feldverstärkend arbeitet. Die Fahr- und Bremskennlinien eines solchen Verbundmotors zeigt Abb. 15. Sie liegen um so steiler, je stärker die Verbund- im Verhältnis zur Nebenschlußwicklung ist. So kann man innerhalb weiter Grenzen den Verlauf der Kennlinien verändern, und damit die Eigenschaften des Motors den verschiedensten Betriebsbedingungen anpassen. Im allgemeinen regelt man, um einen

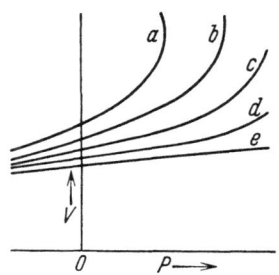

Abb. 15. Bremskennlinien einer Verbundmaschine.

leichteren Fahrschalter zu erhalten, nur die Nebenschlußwicklung. In Abb. 15 ist also a die Stufe mit schwächster, e die mit stärkster Nebenschlußerregung. Daher nähert sich das Verhalten des Motors auf Stufe a am meisten dem einer Reihenschluß-, und auf Stufe e dem einer Nebenschlußmaschine.

Ist die Verbundwicklung sehr stark, so wird schon bei geringem Ansteigen des Bremsstroms der Kraftfluß derartig geschwächt, daß er ein weiteres Anwachsen verhindert, also den Bremsstrom innerhalb eines gewissen Geschwindigkeitsbereichs fast gleichbleibend hält, wie in Abb. 16 dargestellt. Auch die Bremsleistung, die ja das Produkt von Bremsstrom und Fahrleitungsspannung ist, ändert sich daher in dem gleichen Bereich nur wenig. Da sie aber auch als das Produkt von Geschwindigkeit und Bremskraft betrachtet werden kann, muß die Bremskraft innerhalb des Bereichs gleichbleibenden Bremsstroms etwa umgekehrt proportional der Geschwindigkeit werden, also mit

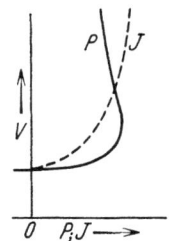

Abb. 16. Bremskraft P und Bremsstrom I bei starker Verbundwirkung.

fallender Geschwindigkeit zunehmen, wie Abb. 16 zeigt. Eine solche Kennlinienform bringt offenbar im Bahnbetrieb viele Vorteile: Es genügt eine geringe Anzahl von Fahrstufen, und beim Parallelarbeiten mehrerer Motoren bleibt eine gleichmäßige Lastverteilung gesichert.

Ist jedoch die Nebenschlußwicklung voll eingeschaltet, so unterscheidet sich der Kennlinienverlauf des Verbundmotors kaum von dem der Nebenschlußmaschine, denn die günstigen Einflüsse der Verbundwicklung können gegenüber der starken Nebenschlußwicklung noch nicht zur Geltung kommen. Die Feldspulen werden beim Verbundmotor sehr groß, nicht nur wegen der vielen Isolation in der Nebenschlußwicklung, sondern auch deshalb, weil beim Bremsen Hauptstrom- und Nebenschlußerregung gegeneinander arbeiten. Liefert z. B. in irgendeinem Betriebszustand die Nebenschlußwicklung 2500 Amperewindungen und die Verbundwicklung 1500, so wirken beide zusammen nur mit $2500 - 1500 = 1000$ Amperewindungen erregend. Die Summe der in beiden Wicklungen entstehenden Kupferverluste entspricht jedoch der Summe $2500 + 1500 = 4000$. Darunter leidet der Wirkungsgrad.

Man hat lange geglaubt, daß zum Bremsen die Verbundwicklung umgepolt werden müsse, weil sie sonst den magnetischen Kraftfluß unzulässig schwächen, ja sogar seine Richtung umkehren könne. Man erkannte nicht, daß sich beim Einschalten der Bremse der Ankerstrom allmählich entwickelt und dabei den Fluß so lange schwächt, bis er den Wert erreicht hat, der gerade zum Aufrechterhalten des betreffenden Bremsstromes ausreicht. Eine Umkehr des Flusses, die selbstverständlich einen Kurzschlußstrom zur Folge hätte, ist also ausgeschlossen. Dagegen erhält man mit umgepolter Verbundwicklung Bremskennlinien, die noch flacher verlaufen als beim Nebenschlußmotor, ja sogar abfallen, statt anzusteigen, so daß sie für den Bahnbetrieb wenig geeignet oder völlig unbrauchbar werden.

C. Schaltungen mit besonderer Erregermaschine.

a) Schaltung I, „Summenschaltung". Daß der Reihenschlußmotor die für den Bahnbetrieb am besten geeignete Maschinenart ist, weil er infolge seiner steilen Kennlinie am weichsten arbeitet, also auf Spannungsschwankungen unempfindlich ist, eine kleine Fahrstufenanzahl bedingt und wegen seiner einfachen Bauart den besten Wirkungsgrad erreicht, fand man schon in den ersten Jahren des elektrischen Bahnbetriebes heraus, und spätere Berechnungen und Versuche bestätigten diese Erfahrung immer wieder. Zur Nbr. ist er jedoch nicht ohne weiteres brauchbar.

Nutzbremsschaltungen. 31

Deshalb taucht schon früh der Gedanke auf, den bewährten Reihenschlußmotor zum Fahren beizubehalten, und ihm durch eine besondere Erregermaschine, die nur beim Bremsen arbeitet, die zur Nbr. erforderlichen Eigenschaften zu verleihen. Man kann eine solche Erregermaschine nur entweder parallel oder in Reihe zur Feldwicklung schalten, und die letztere nur entweder so gepolt lassen, wie sie es bei der Fahrt war, oder sie für Rückwärtsfahrt umpolen: Es gibt also grundsätzlich nicht mehr als vier verschiedene Schaltungen[1]:

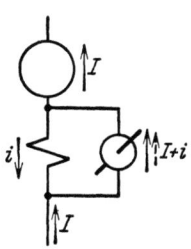

Abb. 17. Schaltung I, „Summenschaltung".

Bei der Schaltung I, der sog. Summenschaltung, liegt die Erregermaschine parallel zu der wie für Vorwärtsfahrt gepolten Feldwicklung (Abb. 17). Ist I der Bremsstrom und i der Erregerstrom, so fließt die Summe beider, $I + i$, durch die Erregermaschine.

Bezeichnet man den Ohmschen Widerstand der Feldwicklung mit r und die Klemmenspannung der Erregermaschine mit u, so ist $u = ir$. Solange u sich nicht ändert, bleibt auch i gänzlich unabhängig von I, so daß der Fahrmotor genau wie eine Nebenschlußmaschine arbeitet.

Für die Nbr. wird man meistens das Verhalten eines Verbundmotors vorziehen: Dann müssen i und u kleiner werden, sobald I wächst. In diesem Sinne wirkt schon der Ohmsche Widerstand der Erregermaschine, und man kann ihr noch einen Vorschaltwiderstand geben, wie in Abb. 18 dargestellt, um die Verbundwirkung zu verstärken. Das

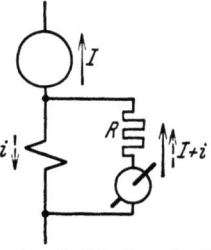

Abb. 18. Schaltung I mit Widerstand vor der Erregermaschine.

wird namentlich dann notwendig, wenn die Erregermaschine gleichbleibende Spannung liefern soll, um z. B. auch für die Speisung anderer Stromkreise brauchbar zu sein, oder wenn man sie durch eine Batterie ersetzen will.

Bezeichnet man den Vorschaltwiderstand mit R, so wird:

also:
$$u = (I + i) R + ir,$$
$$i = \frac{u - IR}{R + r}.$$

---

[1] Töfflinger: Die Nutzbremsung bei Straßen- und Schnellbahnen, II. Teil. Elektrotechn. Z. 1933 S. 1183.

Mit zunehmendem Bremsstrom nimmt also der Erregerstrom geradlinig ab, Abb. 19, in genau der gleichen Weise wie beim Verbundmotor, so daß ein derartig mit Zusatzerregung ausgestatteter Reihenschlußmotor dieselben Betriebseigenschaften wie die Verbundmaschine besitzen muß. Allein durch die Wahl der Größen u und R kann man die Kennlinienform des Motors den verschiedensten Betriebsbedingungen anpassen, ohne an ihm selbst nur das geringste zu ändern. In seinem Ständerkupfer treten auch nicht die hohen Kupferverluste auf, die sonst dem Verbundmotor eigentümlich sind.

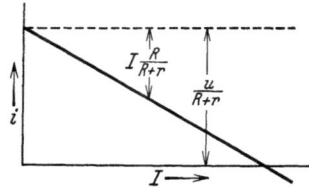

Abb. 19. Abhängigkeit zwischen Bremsstrom I und Erregerstrom i bei Schaltung nach Abb. 18.

Ist es nicht notwendig, mit gleichbleibendem u zu arbeiten, so läßt sich die gewünschte Abhängigkeit zwischen I und i auch dadurch erreichen, daß man die Erregermaschine selbst oder ihren Antriebsmotor mit Verbundwicklungen versieht, die von I oder $I + i$ durchflossen werden. Besonders vorteilhaft ist es, zum Antrieb der Erregermaschine einen Reihenschlußmotor zu benutzen, denn er vermindert mit steigender Belastung seine Drehzahl, so daß u mit steigendem $I + i$ sinkt, und kann ohne jede Vorstufe durch einfaches Einschalten in Betrieb gesetzt werden.

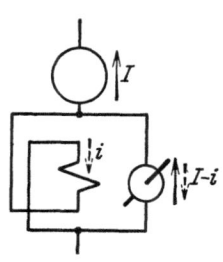

Abb. 20. Schaltung II, „Differenzschaltung".

b) **Schaltung II, „Differenzschaltung".** Die Erregermaschine liegt parallel zu der ebenso wie für Rückwärtsfahrt gepolten Feldwicklung, Abb. 20. Sie wird von der Differenz $I - i$ durchflossen und arbeitet als Motor, solange $I > i$, d. h. praktisch während des größten Teiles des Bremsbetriebes. Man kann sie daher nicht mit einer Reihenschlußmaschine kuppeln, denn diese könnte durchgehen. Beide Maschinen dieses Bremsumformers müssen also mit Nebenschlußwicklungen versehen sein.

Wiederum gilt, ebenso wie bei der Summenschaltung: $u = ir$, so daß u mit anwachsendem I fallen muß, um das erwünschte Verbundverhalten des Fahrmotors zu erreichen. Der Erregerumformer besteht also aus einem Nebenschlußmotor mit Gegenverbundwicklung und aus einem Nebenschlußgenerator mit Zusatzverbundwicklung. Beide Maschinenarten sind an sich unstabil, müssen also sorgfältig aufeinander abgestimmt werden, damit der Umformer nicht durchgeht.

Wollte man wieder die Erregermaschine mit gleichbleibender Spannung arbeiten lassen und ihr, um eine Verbundwirkung zu erzielen, Ohmschen Widerstand vorschalten, so erreicht man gerade das Gegenteil der erwünschten Wirkung, denn die Erregung würde dann mit wachsendem Bremsstrom nicht fallen, sondern zunehmen. Nur durch Widerstände von umgekehrter Charakteristik, z. B. auch Elektronenrohre oder umlaufende Maschinen, ist Verbundwirkung bei gleichbleibender Erregermaschinenspannung zu erreichen.

Ist jedoch, wie z. B. im Bergbahnbetrieb, ein nebenschlußähnliches Verhalten des Fahrmotors zulässig, so bietet die Verwendung einer Batterie an Stelle des Bremsumformers den Vorteil, daß sie, solange $I > i$, geladen, und nur, wenn bei ganz langsamer Fahrt wenig Bremskraft entwickelt wird, entladen wird. Sie kann also gewöhnlich noch Strom für andere Zwecke abgeben.

c) **Schaltung III.** Die Erregermaschine liegt in Reihe zu der für Vorwärtsfahrt gepolten Feldwicklung, Abb. 21. Parallel zu Feldwicklung und Erregermaschine muß eine besondere Leitung gelegt werden, damit der Bremsstrom I die Erregung nicht störend beeinflussen kann. Da $u = ir$, zeigt

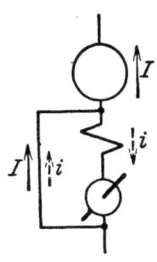

Abb. 21.
Schaltung III.

der Fahrmotor das Verhalten einer Nebenschlußmaschine, ganz unabhängig von der Charakteristik des Erregerumformers, weil der Bremsstrom I überhaupt nicht durch die Erregermaschine fließt. Sie arbeitet daher auch stets als Generator.

Um die Verbundwirkung zu erzielen, kann man wieder den Bremsumformer mit von I oder $I + i$ durchflossenen Wicklungen versehen. Soll er jedoch mit gleichbleibender Spannung arbeiten, oder durch eine Batterie ersetzt werden, so ist ihm ein Ohmscher Widerstand, der auch durch einen Stromverbraucher ähnlicher Charakteristik ersetzt werden kann, vorzuschalten: Dieser tritt nun, wie Abb. 22 zeigt, an die Stelle der Parallelleitung. Dann ist wieder, genau wie bei der Schaltung I,

$$u = (I + i) R + ir$$

Töfflinger, Bremsverfahren.

und
$$i = \frac{u - IR}{R + r},$$

so daß allein durch die Wahl von u und R das Verhalten des Fahrmotors im Bremsbetrieb den verschiedensten Anforderungen angepaßt werden kann.

d) Schaltung IV. Die Erregermaschine liegt in Reihe zu der wie für Rückwärtsfahrt gepolten Feldwicklung, Abb. 23. Sie wird nur vom Erregerstrom durchflossen, arbeitet also stets als Generator und muß, wenn der Fahrmotor Verbundverhalten zeigen soll, mit von I oder $I - i$ durchflossenen Wicklungen ausgerüstet werden. Liefert sie gleichbleibende Spannung, so muß an Stelle der Parallelleitung ein Widerstand von umgekehrter Charakteristik, genau wie bei der Schaltung II, treten.

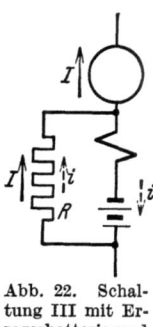

Abb. 22. Schaltung III mit Erregerbatterie und Parallelwiderstand.

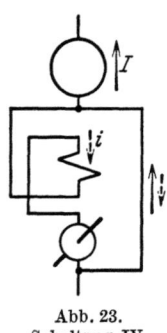

Abb. 23. Schaltung IV.

D. Schaltungen mit veränderlicher Ankerspannung.

Da die Größe des magnetischen Kraftflusses durch die Eisensättigung begrenzt ist, ermöglicht es keine der bisher besprochenen Schaltungen, bis zum Stillstand des Fahrzeuges Nbr.-Wirkung auszuüben. Das ist nur möglich, wenn man die Ankerspannung unabhängig von der Fahrleitungsspannung macht, sie also bis fast auf Null herunterregelt. Hierzu ist ein besonderer Spannungsumformer erforderlich, wie z. B. bei der bekannten Leonardschaltung. Damit er nicht zu groß und schwer wird, kann man ihn mit mehreren Ankerwicklungen und Kommutatoren versehen, die sich, ebenso wie die Fahrmotoren, in Reihe und parallel schalten lassen. Verwendet man noch dazu die Auf- und Gegenschaltung, so braucht die Nennleistung des Umformers nur klein zu sein gegenüber der Nennleistung der Fahrmotoren, aber die Schaltung des Fahrzeugs wird um so umständlicher.

Wird der Umformer auch bei der Anfahrt benutzt, so kann man ohne Anfahrwiderstände auskommen. Dann entfallen auch die sonst in ihnen entstehenden Verluste, und damit wird der Stromverbrauch herabgesetzt.

4. Die Verwendung der Nutzbremsschaltungen und ihre Entwicklung.

A. Der Nebenschlußmotor.

Obwohl schon einige der ersten elektrischen Fahrzeuge Nebenschlußmotoren besaßen, also auch Nbr.-Wirkung zeigen mußten, verschwand diese Bauart doch wieder, noch ehe man ernstlich an die Einführung der Nbr. dachte. Hierzu gab erst um 1890 die stärkere Entwicklung der Speicherfahrzeuge Veranlassung, denn damals waren die Akkumulatoren noch so schwer und teuer, daß eine Ersparnis an elektrischer Arbeit, namentlich auf den steigungsreichen Strecken, notwendig erschien. An Verzögerungsbremse dachte man noch nicht.

In dieser Zeit kamen die mit Akkumulatoren versehenen Fahrzeuge der Strecke Paris—St. Denis in Betrieb, die damals viel Aufsehen erregten[1], und bald folgten weitere Bahnen, wie die Barmer Bergbahn, die Hagener Straßenbahn mit Kupfer-Zinkspeichern[2] und zahlreiche andere. Baumgardt und Luxenberg veröffentlichten noch heute lesenswerte Arbeiten, in denen die theoretischen Grundlagen der Nbr. eingehend behandelt werden[3]. Der letztere empfiehlt den Nebenschlußmotor für die Gefällebremsung. Verzögerungs-Nbr. lohnt bei den damaligen Verkehrsverhältnissen noch nicht. Tatsächlich bringt der Nebenschlußmotor auf den Bergbahnen gute Erfolge, und dort herrscht er ja heute noch, aber auf geringen Gefällen liefert er nicht die erhoffte Stromersparnis, und so gelingt es trotz aller Bemühungen nicht, sein Anwendungsgebiet zu erweitern.

Um 1909 veranlaßt wiederum die Einführung von Speicherfahrzeugen, diesmal bei den Fernbahnen, den Versuch, durch Nebenschlußmotoren elektrische Arbeit zu sparen. Es macht jedoch Schwierigkeiten, die beiden Fahrzeugmotoren zu gleicher Lastaufnahme zu zwingen, und schließlich entwickelt Siemens hierzu eine selbsttätig arbeitende, mit Motorantrieb versehene

---

[1] Blondel-Dubois: La traction électrique, Bd. 2 S. 389 u. 709. Paris 1898.

[2] Feldmann: Die elektrische Straßenbahn mit Akkumulatorenbetrieb in Hagen. Elektrotechn. Z. 1895 S. 37.

[3] Luxenberg: Nebenschlußmotoren für elektrischen Straßenbahnbetrieb. Elektrotechn. Z. 1897 S. 259. — Baumgardt: Nutzbremsung elektrischer Wagen. Elektrotechn. Z. 1894 S. 489.

Ausgleichseinrichtung, rüstet aber ein weiteres Fahrzeug 1913 nur noch mit einem einzigen Motor aus[1]. Auch diese Bauart kann sich nicht durchsetzen. Heute ist der Nebenschlußmotor überall, abgesehen von den ausgesprochenen Bergbahnen, aufgegeben. Nur noch von Alexandrien wird neuerdings von Versuchen berichtet[2]. An Versuchen, den Nebenschlußmotor in den Bahnbetrieb einzuführen, hat es also keineswegs gefehlt. Man hielt es ja früher für einen besonderen Vorteil, daß er infolge der flachen Lage seiner Zugkraftkennlinien das Überschreiten bestimmter Höchstgeschwindigkeiten unmöglich macht. Heute wird weniger Wert darauf gelegt, denn man weiß, daß die Sicherheit nicht durch niedrige Geschwindigkeit, sondern in viel höherem Maße durch die Aufmerksamkeit des Fahrers und die Leistungsfähigkeit der Bremse gewährleistet ist. Man empfindet die starre Geschwindigkeitsbegrenzung eher als Nachteil, weil sie das Einholen von Verspätungen erschwert.

Vor allem aber brachte der Nebenschlußmotor in den weitaus meisten Fällen nicht die erwartete Stromersparnis. Sie stellte sich nur auf sehr starken Gefällen ein, während auf geringen Gefällen oder auf ebenen Strecken sogar ein größerer Verbrauch an elektrischer Arbeit als beim gewöhnlichen Reihenschlußmotor auftrat. Zum Teil kann der Mißerfolg auf den hohen Fahrwiderstand der alten Fahrzeuge zurückgeführt werden, der einen zu schlechten Gefällewirkungsgrad ergab, zum größten Teil ist er aber dadurch begründet, daß man ein mit gewöhnlichen Nebenschlußmotoren ausgerüstetes Fahrzeug nicht stromlos auslaufen lassen kann, also zu unwirtschaftlicher Fahrweise gezwungen ist.

Beim Nebenschlußmotor entsteht nämlich, wie aus seinen Zug- und Bremskraftkennlinien, Abb. 14, hervorgeht, auf jeder

---

[1] Heilfron: Akkumulatortriebwagen mit Nebenschlußmotoren der Preuß.-Hessischen Staatsbahn. Elektr. Kraftbetr. Bahn 1911 S. 272. — Reutener: Nebenschlußtriebwagen und ihre Verwendung auf Gebirgsbahnen. Elektr. Kraftbetr. Bahn. 1913 S. 277. — Spängler: Elektrische Bahnen in und um Wien. Elektr. Bahnen u. Betriebe 1905 S. 31. — Vogel: Vorortverkehr mit elektrischen Triebwagen auf den Preuß.-Hessischen Staatsbahnen. Elektr. Kraftbetr. Bahn. 1909 S. 341. — Weyand: Die Triebwagen im Dienste der Preuß.-Hessischen Staatsbahn. Elektr. Kraftbetr. Bahn. 1913 S. 249.

[2] Bacqueyrisse-Mattersdorff: Bericht vom XXIII. Intern. Straßenbahnkongreß. Haag 1932.

Die Verwendung der Nutzbremsschaltungen und ihre Entwicklung. 37

einzelnen Fahrstufe, je nach der augenblicklichen Geschwindigkeit, Zug- oder Bremskraft. Ist man beim Anfahren bis auf die höchste Fahrstufe gelangt, und soll die nun erreichte Fahrgeschwindigkeit gehalten werden, so ist die Fahrkurbel nur um eine oder wenige Stufen zurückzudrehen, bis gerade diejenige Zugkraft entsteht, die zum Aufrechterhalten der Geschwindigkeit erforderlich ist. Dreht man die Fahrkurbel noch weiter zurück, so entsteht sofort Bremskraft. Das unmittelbare Zurückgehen auf die Nullstellung des Fahrschalters würde einen heftigen Bremsstoß, der den Wagenselbstschalter zum Auslösen bringt, verursachen.

Durch Einbau eines besonderen Schalters ließen sich zwar die Fahrmotoren jederzeit stromlos machen. Dann entstehen aber wieder Schwierigkeiten beim Beginn des Bremsens, denn, ob eine bestimmte Fahrstufe Zug- oder Bremskraft liefern wird, hängt ja nur von geringen Unterschieden in den Geschwindigkeiten und auch von der augenblicklichen Höhe der Fahrleitungsspannung ab. Da dem Fahrer im Straßenbahnbetrieb die Zeit zum Ablesen von Meßgeräten fehlt, wären also selbsttätig arbeitende besondere Einrichtungen notwendig, um den richtigen Bremseinsatz zusichern.

B. Der Reihenschlußmotor als Nebenschlußmaschine.

Wenn man bei einem nach Abb. 24 in gewöhnlicher Wbr.-Schaltung arbeitenden Reihenschlußmotor durch ein Schütz T die Verbindung mit der Fahrleitung herstellt, so entsteht bei genügend hoher Geschwindigkeit Nbr.-Wirkung. Da dabei Anker- und Erregerstromkreis einander parallel geschaltet sind, arbeitet

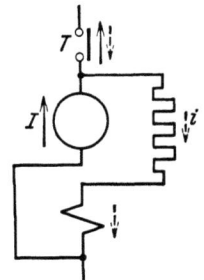

Abb. 24. Reihenschlußmotor als Nebenschlußmaschine.

der Motor als reine Nebenschlußmaschine. Er liefert den Strom I in die Fahrleitung zurück, entnimmt ihr aber den Erregerstrom i, so daß ein eigentlicher Rückgewinn nur so lange vorhanden ist, wie $I > i$, d. h. bei großer Geschwindigkeit und starker Bremskraft.

Der große Vorteil dieser von der AEG entwickelten Schaltung[1] ist, daß sie keine Änderung der üblichen Reihenschlußmotoren

[1] Welsch: Neue Bremseinrichtung für elektrische Straßenbahn-Triebwagen und Lokomotiven auf Gefällestrecken. Elektr. Bahnen 1925 S. 13.

verlangt, so daß auch der gute Wirkungsgrad beim Fahren gewahrt bleibt. Der Rückgewinn darf also der Stromersparnis gleichgesetzt werden. Ferner tritt, wenn während der Nbr. z. B. die Fahrleitung den Rückstrom nicht aufnehmen kann, ohne jede Umschaltung die Wbr. an die Stelle der Nbr., denn es wird dann $I = i$. Die Bremskraft kann dabei zwar nachlassen, aber sie geht niemals ganz verloren.

Dafür aber ist der Bremswirkungsgrad nicht hoch, denn ein großer Teil der vom Anker rückgewonnenen elektrischen Arbeit fließt nicht in die Fahrleitung, sondern muß im Widerstand R nutzlos in Wärme umgewandelt werden. Um diesen Fehler zu vermindern, schlägt die AEG neuerdings vor, die Feldwicklungen der Motoren mit größeren Windungszahlen auszuführen. Sie müssen dann zwar während der Fahrt ständig mit einem Feldschwächungswiderstand arbeiten und erhöhen auch etwas die Kupferverluste, verringern also ein wenig den Fahrwirkungsgrad, aber dafür genügt zum Bremsen ein kleinerer Erregerstrom, und so wird der Bremswirkungsgrad erheblich verbessert[1].

Das starre Nebenschlußverhalten der Schaltung bedingt, daß Schütz T selbsttätig arbeiten und von verschiedenen Relais überwacht werden muß, damit die Verbindung mit der Fahrleitung nur bei solchen Geschwindigkeiten hergestellt wird, bei denen das Zustandekommen einer ausreichenden Bremswirkung gesichert ist. Der flache Kennlinienverlauf und die Eigenart des Stromrückgewinns macht die Schaltung vorzugsweise für die Gefällebremse geeignet. So ist ihr Anwendungsgebiet beschränkt. Sie ist bei einer Anzahl von Straßenbahnen eingeführt worden, z. B. Homburg, Chemnitz, Stockholm[2].

Die Verwendung gewöhnlicher Reihenschlußmotoren zur Nbr. ist auch das Ziel einer von Santuari angegebenen Schaltung, Abb. 25, die das Vorhandensein von vier Fahrmotoren bedingt[3]. Die zu den vier Ankern 1, 2, 3 und 4 gehörigen Feldwicklungen 1, 2, 3 und 4 werden in Reihe geschaltet und bilden eine Brücke,

---

[1] Volckers: Zur Wirtschaftlichkeit der Stromrückgewinnung. Verkehrstechn. 1934 S. 104.
[2] Bacqueyrisse-Mattersdorff: Bericht vom XXIII. Intern. Straßenbahnkongreß. Haag 1932.
[3] Buttler: Die Nutzbremsung im Gefälle bei Gleichstrom-Vollbahnlokomotiven. Elektrotechn. Z. 1927 S. 456.

Die Verwendung der Nutzbremsschaltungen und ihre Entwicklung. 39

die von der Differenz der Ströme I_1 und I_2 durchflossen wird. Felderregung und damit Bremswirkung entsteht also nur, wenn die Anker ungleichmäßig belastet sind. Daraus folgt eine unerwünschte Mehrerwärmung einzelner Motoren und eine schlechte Ausnutzung der Adhäsion. Die Schaltung ist also nur für Sonderfälle brauchbar.

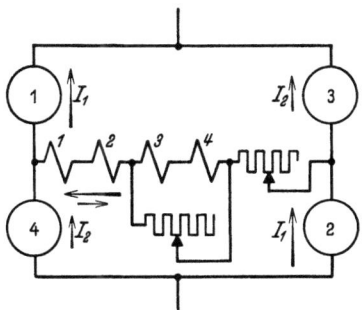

Abb. 25. Schaltung nach Santuari.

C. Der Verbundmotor.

Auch Verbundmotoren kamen schon in einigen der ersten elektrischen Fahrzeuge zur Verwendung, wurden aber bald von den Reihenschlußmotoren verdrängt. Als man später Versuche mit Nbr. begann, bevorzugte man den Nebenschlußmotor, zum Teil sicher deshalb, weil noch der Irrtum allgemein war, daß die Verbundwicklung beim Bremsen das Feld zu sehr schwäche und daher umzupolen sei.

Erst nach der Jahrhundertwende führten Raworth[1], bald auch Johnson und Lundell[2] den Verbundmotor in den Straßenbahnbetrieb ein. Sie wollten nicht nur auf dem Gefälle, sondern vor allem beim Verzögern des Fahrzeugs Rückgewinn erzielen. Johnson und Lundell vermieden schließlich auch noch die Verluste in den Anfahrtwiderständen: Sie gaben dazu jedem Motor zwei Kommutatoren und zwei Ankerwicklungen, so daß in vier verschiedenen Gruppierungen gefahren werden konnte, und eine große Anzahl wirtschaftlicher Fahrstufen entstand. Im Laufe der Jahre wurden die verschiedensten Schaltungsarten erprobt und eine große Anzahl von Triebwagen, fast ausschließlich in England, in Betrieb gesetzt. Trotzdem ließ das große Interesse, das diese Bemühungen überall erregt hatten, allmählich nach, und etwa 1914 schienen die Verbundmotoren wieder endgültig aufgegeben zu sein.

Der Mißerfolg läßt sich schon damit begründen, daß damals der Verzögerungswirkungsgrad infolge der niedrigen Geschwindig-

---

[1] Energierückgewinnung auf Straßenbahnen, System Raworth. Elektrotechn. Z. 1904 S. 722.
[2] Elektrische Zugförderung mit Stromrückgewinnung, System Johnson-Lundell. Elektrotechn. Z. 1905 S. 971.

keiten und hohen Fahrwiderstände noch zu schlecht war, um überhaupt einen lohnenden Rückgewinn zu ermöglichen. Dazu kommen aber noch die anderen Nachteile des Verbundmotors, die man zwar zum Teil richtig erkannte und durch immer verwickeltere Schaltungen zu bekämpfen versuchte, aber schließlich doch nicht genügend überwinden konnte.

Wie aus Abb. 15 hervorgeht, liefert auch der Verbundmotor gewöhnlich auf jeder einzelnen Fahrstufe treibendes oder bremsendes Drehmoment, je nach der augenblicklichen Geschwindigkeit. Es ist also bei der einfachsten Schaltung ebensowenig wie beim Nebenschlußmotor möglich, das Fahrzeug stromlos auslaufen zu lassen, und daraus folgt ein unnötig großer Verbrauch von elektrischer Arbeit während der Fahrt. Die Stromersparnis ist daher kleiner als der Rückgewinn. Auch die großen Kupferverluste in der Erregerwicklung senken den Wirkungsgrad.

Das steilere Ansteigen der Kennlinien, Abb. 15 und 16, hat zur Folge, daß beim Anfahren auf ebenen Strecken nicht so hohe Geschwindigkeiten erreicht werden können, wie zur vollen Ausnutzung der Nbr.-Wirkung der obersten Stufen notwendig sind. Meistens sind also die Parallelstufen für die Nbr. überflüssig, obwohl sie die gleichen Bremskräfte mit etwa halb so großen Bremsströmen wie die Reihenstufen liefern. Sie können daher nur unentbehrlich werden, wenn auf geringere Ankererwärmung so großer Wert gelegt werden muß, daß man auch umständlichere Schaltungen in Kauf nehmen darf.

Die Schwierigkeit, beim Anfahren auf ebenen Strecken genügend hohe Geschwindigkeiten zu erreichen, ist dadurch zu bewältigen, daß man beim Fahren auf jeder Stufe mit schwächeren Nebenschlußströmen als beim Bremsen arbeitet. Das ist auch zu erreichen, wenn die gleichen Fahrschalterstufen zum Fahren wie zum Bremsen dienen sollen. Man ordnet z. B. im Fahrschalter einen besonderen Kontakt an, der nur beim Rechtsdrehen der Fahrkurbel öffnet, beim Linksdrehen aber einen Teil des Nebenschlußwiderstandes kurzschließt. Man erreicht etwa dasselbe Ergebnis, wenn durch einen ähnlichen Schalter ein Parallelwiderstand zur Verbundwicklung bedient wird.

Schließlich kann man auch beim Fahren völlig auf die Wirkung der Nebenschlußwicklung verzichten, so daß dabei der Motor wieder als reine Reihenschlußmaschine arbeitet. Schon Johnson

Die Verwendung der Nutzbremsschaltungen und ihre Entwicklung. 41

und Lundell ordneten zu diesem Zweck auf der Fahrkurbel einen Druckknopf an, durch den die Nebenschlußwicklung eingeschaltet werden konnte. Damit ist auch der stromlose Auslauf des Fahrzeugs ermöglicht.

Besondere Schwierigkeiten entstehen bei der gewöhnlichen Verbundschaltung, wenn von der Parallel- auf die Reihenschaltung übergegangen werden soll, weil sich die Bremskennlinienscharen, wie Abb. 26 darstellt, kreuzen. Reicht z. B. wegen der zu geringen Geschwindigkeit die von der Stufe d gelieferte Bremskraft nicht mehr aus, so muß fortgeschaltet werden, um die Bremskraft zu verstärken. Auf der Stufe c wird sich jedoch, je nach der Geschwindigkeit, ebenso leicht eine schwächere wie eine stärkere Bremswirkung einstellen. Sollen Stöße beim Überschalten vermieden werden, so muß der Fahrer die Eigentümlichkeiten seines Fahrzeugs sehr genau kennen, die nötige Übung haben und schließlich die Geschwindigkeit gut abzuschätzen wissen. Bei ungünstiger Lage der einzelnen Stufen können die gleichen Schwierigkeiten nicht nur beim Bremsen, sondern auch beim Fahren auftreten.

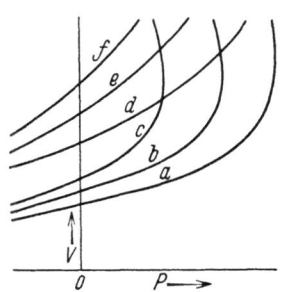

Abb. 26. Bremskennlinien eines Verbundmotors bei halber (a, b, c) und voller (d, e, f) Ankerspannung.

Durch Einfügen von Zwischenstufen kann das Überschalten nicht erleichtert werden. Grundsätzliche Abhilfe bringt nur der Verzicht auf den größten Teil der Nebenschlußwirkung beim Fahren, und beim Bremsen die ausschließliche Verwendung der Reihenschaltung.

Schon Raworth, Johnson und Lundell hatten, wie bereits angedeutet, an der Überwindung dieser zahlreichen Schwierigkeiten gearbeitet[1]. Nach dem Kriege setzt namentlich Schwend die Entwicklung fort. Er verwendet die Nebenschlußwicklung

---

[1] Feldmann: Das Regenerativsystem von Johnson-Lundell. Elektr. Bahnen u. Betriebe 1905 S. 632. --- Fox: Some European brakes and their value. Street Ry. J. 1906 S. 407. -- Mester: Emploi du système à récupération „Raworth" sur les voitures de tramway. Génie civ. 1910 S. 372. — Solier: Tramways électriques à récupération. Eclairage Electrique 1906 S. 334.

beim Fahren nur in Gegenschaltung als eine Art von Feldschwächung auf den obersten Fahrstufen, kann daher das Fahrzeug stromlos auslaufen lassen. Beim Bremsen arbeiten die Motoren in Reihe, so daß es keine Überschaltschwierigkeit gibt. Mehrere derartige Fahrzeuge stehen in Nürnberg seit einigen Jahren im Betrieb[1]. Ganz ähnliche Schaltungen wurden durch die Hamburger Straßen- und Hochbahn gemeinsam mit Siemens und der AEG 1931/33 erprobt.

Besonders große Aufmerksamkeit fanden die seit 1930 bei der Straßenbahn Paris eingeführten Verbundschaltungen[2]. Zuerst wurden die Überschaltschwierigkeiten einfach dadurch vermieden, daß die Motoren ständig in Reihenschaltung arbeiteten. Das bedingt eine sehr schwere Ausführung der Motoren, die hier in Kauf genommen wurde, weil die vorhandenen Motoren älterer Bauart beim Umbau in Verbundmaschinen durch Verwendung der heutigen Isolationsarten, Heraufsetzen der Nenndrehzahlen usw. in ihrer Nennleistung noch genügend gesteigert werden konnten. Zum Fahren und Bremsen dienen die gleichen Fahrstufen. Ein stromloser Auslauf ist also nicht möglich, und die Stromersparnis im Vergleich zum Reihenschlußmotor daher gering. Bei den neueren Fahrzeugen wird indessen die Reihen-Parallelschaltung wieder benutzt. Die Entwicklung ist noch nicht abgeschlossen, scheint aber in ähnlicher Richtung zu laufen wie die von Schwend verfolgte.

Auch bei den zahlreichen anderen, heute bereits in Frankreich und England im Betrieb stehenden Verbundfahrzeugen ist die Mannigfaltigkeit der Schaltungen groß. Oft bleibt, was ja bei einfachen Verkehrsverhältnissen berechtigt sein mag, die Schwierigkeit des Überschaltens ganz unberücksichtigt, und ihre Bewältigung wird dem Geschick des Fahrers überlassen. Meistens

---

[1] Mattersdorff: Stromrückgewinnung mit Verbundmotoren. Verkehrstechn. 1930 S. 657.
[2] Barbillion: La récupération et le freinage en traction électrique. Electricien 1933 S. 123. — Bacqueyrisse-Mattersdorff: Bericht vom Intern. Straßenbahnkongreß. Haag 1932. — Guéry: Comparaison du couplage série-parallel et du couplage série permanent des moteurs compound... Rev. gén. Electr. 1931 I S. 381. — Mattersdorff: Stromrückgewinnung mit Verbundmotoren. Verkehrstechn. 1930 S. 657. — Reyval: Equipements à récupération d'énergie pour tramways. Rev. gén. Electr. 1931 I S. 385.

Die Verwendung der Nutzbremsschaltungen und ihre Entwicklung. 43

wird die Nebenschlußwirkung beim Fahren geschwächt. Da alle diese Schaltungen nichts Neues bringen, sondern sich immer nur durch die verschiedenartige Zusammenstellung der bereits erwähnten Einzelheiten voneinander unterscheiden, ist hier ein genaueres Eingehen auf sie zwecklos.

Während sich in Deutschland, abgesehen von Nürnberg, der Verbundmotor bisher noch nicht bemerkenswert einführen konnte, laufen z. B. von Alsthom gelieferte Ausrüstungen bereits, außer in Paris, in Bordeaux, Le Havre, Lille, Marseille, Rouen, Toulon und Versailles. Vickers lieferte nach Edinburg, Leeds, Manchester und anderen Orten, und führte namentlich zahlreiche Verbundmotorausrüstungen für Oberleitungsomnibusse aus[1]. Hier macht zwar einerseits die hohe Beschleunigung und Verzögerung den Rückgewinn besonders lohnend, aber andererseits leidet er auch unter dem hohen Fahrwiderstand dieser Fahrzeuge (über 10 kg/t). Im Betrieb stehen solche Omnibusse z. B. in Bornemouth, Derby, Heddersfield, Wolverhampton.

Speicherfahrzeuge wurden schon vor dem Kriege häufig mit Verbundmotoren ausgerüstet. Von neueren Ausführungen erscheinen die im Vorortverkehr von Dublin laufenden Triebwagenzüge beachtenswert.

D. Der Verbundmotor als Nebenschlußmaschine.

Legt man nach Abb. 27 beim Bremsen die Nebenschlußwicklung in Reihe mit den Verbundwindungen, so unterstützen die letzteren die Erregung, und es wird Kupfer gespart. Der Erregerstrom ist verhältnismäßig klein, der Wirkungsgrad also günstig. Die Summe von Brems- und Erregerstrom fließt durch einen „Brückenwiderstand" R,

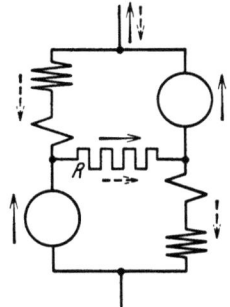

Abb. 27. Verbundmotor in Brückenschaltung als Nebenschlußmaschine.

ein Anwachsen des Bremsstroms hat daher ein Nachlassen der Erregung zur Folge. Damit werden der starren Nebenschlußcharakteristik die schlimmsten Härten genommen.

---

[1] Fletcher: Modern car and trolleybus equipments. Tramw., Light, Rly., a. Transp. Assoc. J. 1932 — Tramway regeneration. Metrop.-Vickers Gaz. 1932 S. 165 — Regenerative control successful in England. Transit J. 1933 S. 306.

Die Schaltung wurde von Siemens 1926 bei der Bergischen Kleinbahn ausgeführt[1]. Beim Fahren bleibt die Nebenschlußwicklung unbenutzt, so daß die Motoren als reine Reihenschlußmaschinen arbeiten. Das Bremsverhalten ist vorzugsweise für die Gefällebremse geeignet. Bleibt beim Nbr.-Betrieb die Fahrleitungsspannung plötzlich aus, so tritt ohne eine Umschaltung eine Wbr.-Wirkung ein. Wenn sie auch im allgemeinen nur kleinere Bremskräfte liefert, so ist es doch gerade für den Gefällebetrieb ein Vorteil, daß die Bremswirkung nicht völlig aussetzt.

E. Schaltungen mit besonderer Erregermaschine.

Schon 1897 schlägt Blondel vor, beim Reihenschloßmotor die Feldwicklungen durch eine besondere Batterie oder durch eine Maschine zu erregen, um damit die Wirkungsweise einer Nebenschlußmaschine und Nbr. zu erzielen[2]. Praktische Bedeutung gewann die Schaltung jedoch zunächst nicht.

Erst 1913 führt sie Bergmann bei elektrischen Automobilen aus, aber die harte Arbeitsweise — es ist die Summenschaltung mit Erregerbatterie ohne Vorschaltwiderstand — befriedigt höchstens auf dem Gefälle, und so wird sie 1922 abermals bei der Straßenbahn Stuttgart versucht[3]. Hier stört die Empfindlichkeit gegen Spannungsschwankungen, und die Ladung der Batterie wird zu umständlich. Daher verwendet Bergmann 1924 bei der Limburgschen Tram[4] an Stelle der Batterie einen Umformer, der aus einem Reihenschlußmotor und einem Gegenverbundgenerator besteht, also eine fallende Spannungscharakteristik besitzt und damit die für den Straßenbahnbetrieb erforderliche weiche Arbeitsweise gewährleistet. Technisch befriedigt diese Anordnung bereits, kommt aber doch nicht zur Einführung, hauptsächlich weil der Umformer noch zu schwer ist. Erst nachdem erkannt wird, daß

---

[1] Osborne: Stromrückgewinnung bei der Bergischen Kleinbahn. Siemens-Jb. 1927 S. 217.

[2] Blondel: Über eine neue Regulierung von Bahnmotoren. Elektrotechn. Z. 1897 S. 659.

[3] Wolf: Neuere Schaltungen für elektrische Energierückgewinnung und Bremsung. Elektr. Kraftbetr. Bahn. 1916 S. 61. — Becker: Stromrückgewinnung mit Hauptstrommotoren. Dtsch. Straßen- u. Kleinbahnztg. 1922 S. 244.

[4] Brunner: Het terugwinnen van den stroom op de electrische tramlijnen van de LTM. Sterkstroom 1924 S. 179.

Die Verwendung der Nutzbremsschaltungen und ihre Entwicklung. 45

er sich erheblich kleiner ausführen läßt, einfachere Wagenschaltungen entwickelt sind und schließlich mit den steigenden Reisegeschwindigkeiten die Verzögerungs-Nbr. lohnender wird, kann Bergmann mit der gleichen Schaltung, also der Schaltung I mit Umformer, 1931 in Hannover, 1932 in Frankfurt a. M. und Becker 1934 im Haag Erfolge erreichen[1].

Da die Schaltung II (Differenzschaltung) einen kleineren Umformer ergibt, wurde sie 1932 von Bergmann für die Straßenbahn Saarbrücken ausgeführt[2]. Hier wurde erstmalig eine so steile Lage der Bremskennlinien verwirklicht, daß trotz der dortigen Gefälle mit einer einzigen Nbr.-Stufe gefahren werden konnte.

Mit einem noch kleineren Umformer kommt die Schaltung III aus, die von Siemens zu einer für den Straßenbahnbetrieb geeigneten Form entwickelt wurde und 1933 in Breslau, 1934 im Haag in Betrieb gesetzt werden konnte[3]. Bei beiden Ausführungen dient zur Erregung eine Batterie, die bei der Anfahrt auf einigen Stufen mit dem Anfahrwiderstand in Reihe geschaltet ist, also mit einer Arbeit geladen wird, die sonst nutzlos im Anfahrwiderstand vernichtet worden wäre. Ohne den Stromverbrauch des Fahrzeugs irgendwie zu erhöhen, wird damit die Batterie stets so reichlich geladen, daß sie auch zur Versorgung von Hilfsstromkreisen herangezogen werden kann. Besondere Einrichtungen zur Begrenzung und Überwachung der Ladung sind nicht vorhanden, da Nickel-Kadmium-Zellen verwandt werden, die dauerndes Überladen ohne weiteres vertragen. Die gewöhnlichen Bleibatterien wären schon aus diesem Grunde als Erregerbatterien völlig ungeeignet. Batteriespannung und Parallelwiderstand sind so aufeinander abgeglichen, daß eine äußerst steile Lage der Bremskennlinie erreicht wird, die es ermöglicht, mit einer einzigen Nbr.-Stufe auszukommen.

[1] Haller: Versuche mit Stromrückgewinnung. Verkehrstechn. 1932 S. 208. — Otto: Stromrückgewinnung mit Umformer bei Straßenbahnwagen. Verkehrstechn. 1932 S. 319. — Töfflinger: Die Nutzbremsung bei Straßen- und Schnellbahnen. Elektrotechn. Z. 1932 S. 451; 1933 S. 1183.
[2] Stromrückgewinnung bei Straßenbahnen. Verkehrstechn. 1932 S. 609.
[3] Felix: Stroomterugwinning bij de Haagsche Tramweg Mij. Spoor en Tramw. 1934 S. 6. — Töfflinger: Die Nutzbremsung bei Straßen- und Schnellbahnen. Elektrotechn. Z. 1933 S. 1183.

Die Schaltung IV hat wegen ihrer mannigfachen Nachteile scheinbar bisher überhaupt noch keine Verwendung im Bahnbetrieb gefunden.

Zu erwähnen bleibt noch eine weitere Gruppe von Schaltungen, die dadurch gekennzeichnet sind, daß sie zwar eine besondere Erregermaschine besitzen, aber trotzdem auch noch die Ausrüstung des Motors mit einer Nebenschlußwicklung verlangen. Die Kosten solcher Einrichtungen werden also sehr groß. Neben einer derartigen von der Allmänna Svenska angegebenen Anordnung ist besonders die von Jeumont entwickelte bekannt geworden, mit der seit 1932 bei der Pariser Untergrundbahn Versuche gemacht werden. Hier wird sogar die Erregermaschine noch durch eine zweite, von einer Fahrzeugachse aus angetriebene Hilfserregermaschine gesteuert[1].

F. Der Reihenschlußmotor als Verbundmaschine.

Zahlreiche Reihenschluß-Bahnmotoren sind mit Feldanzapfungen zur Feldschwächung versehen. Es liegt nahe, diese bei der Nbr. zu benutzen, um einen Teil der Erregerwicklung als Verbundwicklung arbeiten zu lassen und damit trotz gleichbleibender Fremderregung das weiche Verhalten der Verbundmaschine zu erreichen. Wenn keine besondere Erregerstromquelle vorhanden ist, so entsteht aus der Schaltung Abb. 24 die in Abb. 28 dargestellte. Liegt die Anzapfung in Feldmitte, wie es ja bei Bahnmotoren meistens zutrifft, so wird die Verbundwirkung sehr stark, die Kennlinie liegt also äußerst steil und ist vorzüglich zur Verzögerungsbremse geeignet. Da aber der Bedarf an Erregerstrom noch erheblich größer wird als bei der Schaltung Abb. 24, wird der Wirkungsgrad auch noch schlechter, und es ist von Fall zu Fall zu untersuchen, ob überhaupt ein lohnender Rückgewinn entsteht.

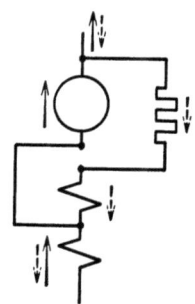

Abb. 28. Reihenschlußmotor mit Feldanzapfung als Verbundmaschine.

---

[1] Langlois-Lejeune: La récupération à flux variable. Bull. Soc. franç. Électr. Bd. 2 (Dez. 1932). — Gratzmüller: Nouveau système de régulation économique de la vitesse des dynamos à courant continu. Bull. Soc. franç. Électr. Bd. 3 (Jan. 1933) — sowie Aussprache zu beiden Vorträgen in Bd. 3 (März 1933) — Franz. Patent 738811.

Die Verwendung der Nutzbremsschaltungen und ihre Entwicklung. 47

Liegt die Feldanzapfung nicht in der Mitte, so ist die Kennlinie in den meisten Fällen auch für die Verzögerungsbremse noch immer steil genug, und der Bremswirkungsgrad kann eher befriedigen. Bei Bahnen scheint diese Anordnung bisher noch keine Anwendung gefunden zu haben[1]. Verwendet man zur Erregung eine Batterie oder eine andere Erregerstromquelle, so wird die Erregerleistung erheblich kleiner und vermindert nur noch unbedeutend den Bremswirkungsgrad. Dann läßt sich auch eine in Feldmitte gelegene Anzapfung, wie Abb. 29 zeigt, wirtschaftlich verwenden. Die Schaltung ist wieder für Verzögerungsbremse gut geeignet und wurde von Bergmann 1930 bei Speicherfahrzeugen erprobt.

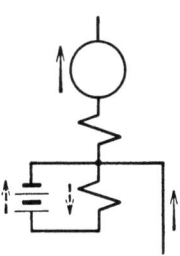

Abb. 29. Reihenschlußmotor mit Feldanzapfung und Erregerbatterie als Verbundmaschine.

G. Schaltungen mit veränderlicher Ankerspannung.

Obwohl die Leonardschaltung schon 1892 bekannt wird, und man bald an ihre Verwendung auf Fahrzeugen denkt, kommt sie doch wegen des großen Gewichts der Umformer im Bahnbetrieb nicht zur Verwendung. Sie findet erst größere Aufmerksamkeit, als man erwägt, daß sie nicht nur bei der Anfahrt die Verluste im Anfahrwiderstand vermeiden läßt, sondern auch bei denjenigen Fahrzeugen, die zur Stromrückgewinnung eingerichtet sind, die Nbr. bis zum Anhalten des Fahrzeugs ermöglicht. Boucherot, Brunswick, Crompton, Della Riccia, Pestarini, Seefehlner und Somaini arbeiten an der Lösung der Aufgabe, das Gewicht, den Umfang und die Kosten des Umformers den Bedingungen des Bahnbetriebes anzupassen.

Trotzdem kranken alle diese Schaltungen daran, daß der Mehraufwand gegenüber gewöhnlichen Reihenschlußmotor-Ausrüstungen zu groß ist, um durch die Stromersparnis bezahlt werden zu können. Je kleiner man die Nennleistung des Umformers hält, desto umständlicher werden die Schalteinrichtungen und desto mehr Kommutatoren und Ankerwicklungen muß der Umformer selbst besitzen, so daß er trotz geringer Nennleistung teuer und groß bleibt. Bei der Vorausberechnung der Strom-

---

[1] Natalis: Vertikalbewegung von Lasten und ihre Regelung bei el. Aufzügen und Kranen. Wiss. Veröff. Siemens-Konz. Bd. 8 (1928).

ersparnisse darf auch sein Wirkungsgrad nicht vergessen werden, der ja nicht nur beim Bremsen, sondern auch beim Fahren eine Rolle spielt, und daß das große Gewicht der Ausrüstung — für einen Straßenbahnumformer werden z. B. 900 kg angegeben — allein schon den Stromverbrauch des Wagens merklich erhöht. Abgesehen von Versuchen, von denen hier nur die der Pariser Untergrundbahn sowie der Straßenbahnen Genua und Rom erwähnt seien, haben derartige Umformer noch nirgends nennenswerte Anwendung finden können[1].

5. Vergleich der verschiedenen Nutzbremsschaltungen.

A. Allgemeiner Überblick.

Bei allen Vergleichen ist immer wieder zu berücksichtigen, daß die Verkehrsverhältnisse verschiedener Bahnen niemals einander vollkommen gleich sind. Fast jede hat ihre Eigentümlichkeiten, und so können oft Einrichtungen, die im allgemeinen als ungeeignet bezeichnet werden müssen, an mancher Stelle doch noch gute Dienste leisten. Da es hier unmöglich ist, auf die Fülle aller Einzelheiten einzugehen, können dem Vergleich nur die im allgemeinen bei den meisten Bahnen vorhandenen Verhältnisse zugrunde gelegt werden. Die aus ihm gezogenen Schlüsse gelten daher nicht überall, sondern nur in der Mehrzahl der Fälle.

Die große Aufmerksamkeit, die man von jeher der Nbr. widmete, hat dazu geführt, daß heute mit jeder Schaltungsart genügend Betriebserfahrungen gesammelt sind, um die Bildung eines abschließenden Urteils wagen zu dürfen.

Die Nebenschlußmotoren haben sich, abgesehen von den Bergbahnen, auf die hier nicht näher einzugehen ist, überall als für den gewöhnlichen Bahnbetrieb ungeeignet erwiesen. Ihre Empfindlichkeit auf Spannungsschwankungen, rauhes Schalten usw. war zu groß, und die Stromersparnis infolge des schlechteren Wirkungsgrades beim Fahren zu gering, um ihr größeres Gewicht

---

[1] Chimienti: L'influenza della frenatura à ricupero... Elettrotecn. 1933 Heft 11 S. 237. — Della Riccia: Réglage de vitesse et récupération d'énergie en courant continu. Rev. gén. Electr. 1930 S. 449. — Seefehlner: Die Nutzbremsung el. Fahrzeuge im Eisenbahnbetrieb. Elektr. Kraftbetr. Bahn. 1917 S. 225 — Traction avec récupération systèmes Della Riccia et Somaini, principe de système Pestarini. Bull. Soc. franç. Électr. 1929 S. 295.

und ihre Mehrkosten gegenüber den gewöhnlichen Reihenschlußmotoren zu rechtfertigen. Die Reihenschlußmotoren in Nebenschlußschaltung liefern zwar nur geringen Rückgewinn, dafür aber ist die Ausrüstung billig, denn sie besteht nur aus dem selbsttätigen Schütz mit seinen Überwachungsrelais und verlangt keine Änderung an den Fahrmotoren. Sie konnte daher in Betrieb auf gefällereichen Strecken gute Ergebnisse liefern. Müssen die Motoren zur Verbesserung des Rückgewinns neue Feldspulen mit größeren Windungszahlen erhalten, so werden die Kosten der Ausrüstung erheblich höher, und es ist zu prüfen, ob sie sich noch durch die Stromersparnis bezahlt machen werden. Schon wegen des Nebenschlußverhaltens kommen diese Schaltungen für ebene Strecken, also für die Verzögerungsbremse, kaum in Betracht.

Die Verbundmotoren haben sich, wenn man von den älteren Schaltungen, die keinen stromlosen Auslauf gestatten, absieht, bereits in zahlreichen Betrieben sowohl für Verzögerungs- wie Gefällebremse bewährt. Für Bergbahnen erscheint es zweckmäßig, sie als Nebenschlußmaschinen zu schalten. Bei der Berechnung der Stromersparnis ist zu berücksichtigen, daß sie infolge der großen Kupferverluste in den Feldwicklungen während der Anfahrt meistens einen etwas schlechteren Wirkungsgrad als Reihenschlußmotoren haben und daß oft ihr größeres Gewicht den Stromverbrauch bereits merklich steigert. Die Stromersparnis ist also bei ihnen stets kleiner als der Rückgewinn. Die Kosten der Ausrüstungen halten sich im allgemeinen noch in wirtschaftlichen Grenzen.

Die Schaltungen mit besonderer Erregerstromquelle traten erst in den letzten Jahren in den Vordergrund, konnten also schon aus diesem Grunde noch keine so weite Verbreitung wie die Verbundmotoren finden. Sie zeichnen sich gleichzeitig durch niedrige Anschaffungskosten und besten Wirkungsgrad aus, da sie keine Änderung der Fahrmotoren verlangen. Da man allein durch die Charakteristik der Erregermaschine und ihrer Schaltung Bremskennlinien der verschiedensten Formen verwirklichen kann, läßt sich die Ausrüstung der Fahrmotoren mit einer besonderen Erregerwicklung wohl immer vermeiden.

Da die Bahnmotoren heute nur noch seltener mit Anzapfungen zur Feldschwächung versehen werden, sind Schaltungen, bei denen ein Teil der Feldwindungen als Verbundwicklung arbeitet, nicht allgemein, sondern nur in Einzelfällen verwendbar. Das nachträgliche Anbringen derartiger Anzapfungen bedingt meistens eine völlige Neuwicklung der Spulen, ist also teuer.

Wenig aussichtsreich erscheint der Versuch, den Rückgewinn durch Hinzufügen eines Spannungsumformers zur Nbr.-Einrichtung zu verbessern. Dies soll durch ein Beispiel erläutert werden: Bei einem Straßenbahnzug von 20 t liefere die Nbr.-Einrichtung eine Stromersparnis von 25% während des Bremsens von 30 auf 12 km/h. Der Umformer würde dann den Rückgewinn bis zum Stillstand des Zuges ermöglichen, ihn also bestenfalls im Verhältnis $(30^2 - 12^2) : 30^2$, also um 4,7% erhöhen. Ferner werden die Verluste im Anfahrwiderstand erspart, die etwa 10% betragen mögen. Andererseits aber wächst der Stromverbrauch infolge des ungünstigen Umformerwirkungsgrades um mindestens 3%, und das Gewicht der Umformereinrichtung, das sicher 1200 kg beträgt, steigert den Stromverbrauch um 6%. So bringt der Umformer lediglich eine Mehrersparnis von $4,7 + 10 - 3 - 6 = 5,7\%$, die gewöhnlich einen Wert von 200 oder 250 Mk. je Triebwagen und Jahr darstellt. Seine Anschaffungskosten allein erreichen aber bereits ungefähr das 20fache dieser Summe, und dazu kommen noch die nicht unbedeutenden Kosten für seine Wartung und Instandhaltung. So sind Fälle, in denen sich ein derartiger Umformer bezahlt machen kann, schwer vorstellbar.

Von der großen Fülle der verschiedenen Nbr.-Schaltungen vermögen also offenbar nur zwei Gruppen die technischen und wirtschaftlichen Bedingungen des gewöhnlichen Straßen- und Schnellbahnbetriebs zu erfüllen, nämlich die mit Verbundmotoren und die mit besonderen Erregerstromquellen. So bleibt nun die Frage zu lösen, welche von diesen beiden Schaltungsarten den Vorzug verdient. Hierzu ist ein genaueres Eingehen auf Einzelheiten erforderlich.

B. Umbau und Neubau.

Die Kosten einer Nbr.-Einrichtung sind davon abhängig, ob sie nachträglich in vorhandene Fahrzeuge eingebaut werden soll, oder ob es sich um neu zu erbauende Wagen handelt. Bei der augenblicklichen Lage der meisten Verkehrsunternehmen ist der erste Fall der bei weitem häufigere.

Es wird oft die Meinung vertreten, beim Umbau sei die Ausrüstung mit Erregermaschine die billigere, beim Neubau der Verbundmotor. Indessen liegen die Verhältnisse keineswegs so einfach. Richtig ist dabei nur der Grundgedanke, daß eine Erregermaschine oder -batterie erheblich billiger ist als das Umwickeln der Motoren und daß oft wegen zu knappen Wickelraumes der Umbau überhaupt unmöglich wird, namentlich bei den neueren Bauarten, bei denen das Einführen von Verbesserungen noch am lohnendsten wäre. Aber auch hiervon gibt es Ausnahmen. Wenn z. B. die Motoren so alt sind, daß ihre Ständerwicklungen ohnehin der Erneuerung bedürfen, und ausnahmsweise genügender Platz für eine nicht zu knappe Verbundwicklung vorhanden ist, so kann man die Umwicklungskosten nur zu einem kleinen Teil der Nbr. zu Lasten schreiben. Nicht zu vergessen sind auch die mannigfachen Vorteile, die eine Erregermaschine oder vor allem die Batterie dadurch bringt, daß sie zur Versorgung von Niederspannungsstromkreisen herangezogen werden kann.

C. Die Felderregung.

Soll die Frage gelöst werden, ob man einen vorhandenen Motor besser mit Verbundwicklung oder besonderer Erregerstromquelle versieht, so bleibt nichts übrig, als für die gewünschte Bremskennlinie den zu jeder Geschwindigkeit gehörenden Wert von Brems- und Erregerstrom zu errechnen, danach die Spulen des Verbundmotors zu bestimmen, die in ihnen entstehenden Kupferverluste zu ermitteln und so den Bremswirkungsgrad sowohl für Verbund- wie Fremderregung festzulegen. Für einen allgemeinen Vergleich ist man jedoch auf Schätzungen angewiesen, wie etwa die folgende:

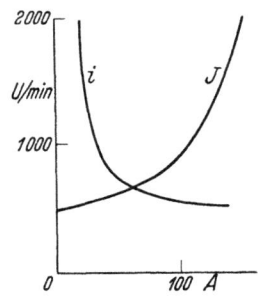

Abb. 30. Abhängigkeit zwischen Geschwindigkeit, Erregerstrom i und Bremsstrom I bei der Verzögerungs-Nbr. für einen Straßenbahnmotor von 45 kW.

Die Größen von Anker- und Erregerstrom, wie sie sich bei einem gewöhnlichen Bahnmotor mit steiler, zur Verzögerungsbremse geeigneten Bremskennlinie ergeben, sind in Abb. 30 dargestellt. Während des größten Teils des Bremsvorganges ist i viel kleiner als I. Als Anhalt ist etwa zu setzen:

$$\int i^2 dt = 0{,}2 \int I^2 dt.$$

Das bedeutet, daß bei den Schaltungen mit besonderer Erregerstromquelle in der Feldwicklung während des Bremsens (es ist dabei allerdings vorausgesetzt, daß, wie üblich, die Motoren während des ganzen Bremsvorganges hintereinander geschaltet bleiben) nur ganz geringe Kupferverluste entstehen. Die Feldwicklung erwärmt sich dabei kaum merklich, viel weniger als bei der Wbr., und das ist recht erwünscht, da ja die Ankerwicklung stets etwas mehr als bei der Wbr. belastet ist.

Um für den Verbundmotor die gleiche Darstellung verwenden zu können, muß man sich seine Nebenschlußwicklung mit gleicher Windungszahl und gleichen Kupferquerschnitten wie die Verbundwicklung vorstellen, und seinen Erregerstrom im umgekehrten Verhältnis der tatsächlichen Anzahl der Nebenschlußwindungen zu den gedachten umrechnen. Dann gilt auch für ihn ohne weiteres die Abb. 30, wenn in der Verbundwicklung der Strom I und in der Nebenschlußwicklung der Strom $I + i$ fließend gedacht wird. In beiden Wicklungen zusammen entstehen dann die Kupferverluste:

$$\int (I + i)^2 dt + \int I^2 dt = > 2 \int I^2 dt.$$

Sie sind also etwa 10mal so groß wie bei der Fremderregung! Das ist jedoch nur der Fall, wenn man den Wicklungen des Verbundmotors keine höheren Stromdichten gibt. Hierzu ist man im allgemeinen durch den Raummangel gezwungen, denn sonst braucht man einen Wickelraum, der mindestens im Verhältnis $J : (2J + i)$ größer ist als beim Reihenschlußmotor. Es dürfte ein recht seltener Zufall sein, wenn man in einem vorhandenen Motor noch Spulen von etwa 2,5fachem Querschnitt unterbringen kann.

Da die Nebenschlußwicklung bei den neueren Verbundschaltungen, die hier nur in Betracht zu ziehen sind, lediglich beim Nbr.-Vorgang unter Strom steht, darf ihr Kupferquerschnitt knapper bemessen werden, etwa halb so groß wie vorher angenommen. Dann braucht auch der Wickelraum nur noch um rund 70% größer zu sein als beim Reihenschlußmotor, und der Wirkungsgrad beim Fahren wird noch nicht beeinträchtigt. Die Kupferverluste in den beiden Feldspulen werden in diesem Falle:

$$\int 4(I + i)^2 dt + \int I^2 dt = > 5 \int I^2 dt,$$

also etwa 25mal so groß wie bei Fremderregung! Damit müssen sie schon einen merklichen Einfluß auf den Bremswirkungsgrad erreichen. Das ist tatsächlich der Fall. Da beim gewöhnlichen Reihenschlußmotor die Kupferverluste in der Erregerwicklung bei Hintereinanderschaltung zweier Motoren etwa 3 ... 4% der Nennleistung betragen, werden sie bei der betrachteten Verbundwicklung den Bremswirkungsgrad bereits um etwa 15 ... 20% herabsetzen, d. h. eine Stromersparnis von 25% auf etwa 20% vermindern.

Dabei war aber vorausgesetzt, daß der Wickelraum groß genug ist, um die Unterbringung eines um 70% größeren Spulenquerschnitts zu gestatten. Ist das nicht der Fall, so ist ein noch stärkeres Absinken des Bremswirkungsgrades unvermeidlich. Mit den knappen Wickelräumen der neuzeitlichen Bahnmotoren auszukommen, ist schon im Hinblick auf die Erwärmung nicht möglich.

Andererseits bedeutet die Vergrößerung des Spulenquerschnittes um 70%, falls der Wickelraum vorhanden, bei einem gewöhnlichen Straßenbahnmotor eine Gewichtsvermehrung von etwa 70 kg. Bei einem 20 t-Straßenbahnzug mit zwei Motoren sind 140 kg noch kein merkliches Mehrgewicht, denn es erhöht den Stromverbrauch erst um 0,7%. Bei einem Neuentwurf aber würde heute, wo man an sparsamste Raumverwendung gewöhnt ist, dem größeren Wickelraum ein höheres Mehrgewicht entsprechen — etwa 200 kg —, da die Polschenkel länger werden müßten, der Außendurchmesser zu vergrößern und schließlich eine längere Zentrale zu wählen wäre, die unter Umständen zu einer anderen Übersetzung und damit zu geringerer Motordrehzahl zwingt, die eine weitere Gewichtserhöhung hervorruft.

Der Mehrpreis und das Mehrgewicht des Verbundmotors sowie sein schlechterer Wirkungsgrad sind also nicht zu unterschätzen, am wenigsten dort, wo, wie meistens bei neuen Fahrzeugen, äußerste Sparsamkeit an Raum und Gewicht geboten ist.

Bei der Fremderregung bleiben die Kupferverluste in der Erregerwicklung ohne jeden Einfluß auf den Bremswirkungsgrad, wenn man eine Erregerbatterie benutzt, die beim Anfahren verlustlos geladen wird. Am ungünstigsten ist es noch bei der Summenschaltung, da der Umformer dabei mit dem Strom $I + i$ arbeitet, also etwa das Dreifache der eigentlichen Erregerleistung abgeben und das Sechsfache dem Netz entnehmen muß: Dadurch wird eine Stromersparnis von 25% gewöhnlich auf etwa 23% herabgesetzt werden. Erregerbatterie und Umformer haben

54   Die Nutzbremse.

etwa dasselbe Gewicht — rund 170 kg für einen Straßenbahnwagen — und sind im allgemeinen ohne besondere Schwierigkeit unterzubringen.

Wenn auch die hier gebrachten Zahlen stark von den jeweiligen besonderen Verhältnissen des Fahrzeugs und der Strecke sowie der verlangten Bremskennlinie abhängen, also in jedem einzelnen Falle der Nachprüfung bedürfen, so zeigen sie doch, daß im allgemeinen der Verbundmotor den Schaltungen mit besonderer Erregerstromquelle in der Größe der erzielten Stromersparnis unterlegen ist. Wenn auch der Unterschied oft nicht bedeutend sein mag, so hat er doch die Folge, daß eine Verbundschaltung nur dann den Schaltungen mit besonderer Erregermaschine wirtschaftlich gleichwertig sein kann, wenn sie im Anschaffungspreis billiger wird. Da aber das Umwickeln der Motoren, wenn es überhaupt möglich ist, etwa 1,5 ... 2 mal soviel kostet wie ein Erregerumformer und 2 ... 3 mal soviel wie eine Erregerbatterie, so können es nur seltene Ausnahmefälle, die hier nicht berücksichtigt zu werden brauchen, sein, in denen die genaue Berechnung aller Einzelheiten eine wirtschaftliche Überlegenheit des Verbundmotors erkennen läßt.

D. Vergleich der Schaltungen mit besonderer Erregermaschine.

Nachdem auch die Verbundmotoren nur in Sonderfällen wirtschaftlich wettbewerbsfähig sind, muß nun versucht werden, aus den Schaltungen mit besonderer Erregermaschine die günstigste herauszufinden.

Bei den Schaltungen II (Differenzschaltung) und IV ist die Feldwicklung ebenso wie für Rückwärtsfahrt gepolt. Versagt dabei einmal die Erregung, so werden die Motoren beim Einschalten als Gegenstrombremse arbeiten und einen äußerst heftigen Bremsstoß hervorrufen, der nicht nur den Wagenselbstschalter zum Auslösen bringt, sondern vor allem bei hohen Wagengeschwindigkeiten auch die Motorvorgelege und -wellen derartig beansprucht, daß Bruchgefahr besteht. Deshalb ist ein besonderer Selbstschalter unentbehrlich, der nur so lange die Verbindung zwischen Motoren und Fahrleitung bei der Nbr. herstellt, wie Erregerspannung vorhanden ist. Bei den Schaltungen I und III ist dieser Selbstschalter unnötig.

Einen anderen Vergleichsmaßstab liefert die Größe der Erregerstromquelle, die ja von bestimmendem Einfluß auf die Anschaffungskosten der Bremsausrüstung ist. Sie führt bei der Summenschaltung den Strom $(I + i)$, bei der Differenzschaltung $(I - i)$ und bei den beiden anderen Schaltungen nur i. Nach der Abb. 31 verhalten sich diese Stromstärken im Mittel etwa wie $3:2:1$, also stehen auch die Kommutatoren der Erregermaschinen etwa in dem gleichen Größenverhältnis zueinander. Da die Erregerspannungen bei allen Schaltungen etwa dieselben sind, gilt das gleiche Größenverhältnis auch für die Nennleistungen der Umformer und ebenso für die von ihnen dem Netz entnommenen Erregerleistungen.

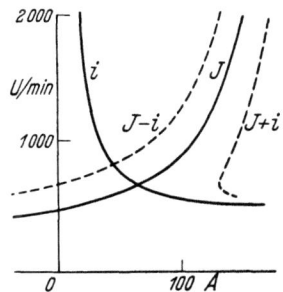

Abb. 31. Erregermaschinenströme für verschiedene Nbr.-Schaltungen bei einem Straßenbahnmotor von 45 kW.

Die Erregerumformer bestehen gewöhnlich aus zwei Maschinen, von denen die eine wegen des im Verhältnis zur geringen Leistung großen Stromes und die andere wegen der hohen Spannung nicht besonders günstig gebaut werden kann. Das erhöht ihren Preis und verschlechtert den Wirkungsgrad, der im Mittel nicht viel über 50% erreichen wird. Die dem Netz zu entnehmende Erregerleistung ist deshalb etwa doppelt so groß wie die von der Maschine abgegebene und kann damit den Stromrückgewinn bereits merklich herabsetzen, nämlich z. B. von 25% bei der Summenschaltung auf etwa 23% und bei den Schaltungen III und IV auf 24,3%.

Bei den Schaltungen I und III kann man jedoch mit verhältnismäßig einfachen Mitteln trotz gleichbleibender Erregerspannung die steilen Bremskennlinien erhalten, die für die Verzögerungsbremse vorteilhaft sind. Man kann daher Einanker-Erregerumformer verwenden, die billiger sind und auch einen besseren Wirkungsgrad haben. Vor allem aber ist namentlich bei der Schaltung III die Erregerbatterie die beste Lösung, denn sie kann bei der Anfahrt als Teil des Anfahrwiderstandes geschaltet und damit verlustlos geladen werden, so daß die Erregerleistung überhaupt keinen Einfluß mehr auf die Größe des Rückgewinns besitzt.

56   Die Nutzbremse.

Etwas anders liegen die Verhältnisse bei der Differenzschaltung, denn bei dieser entnimmt der Erregerumformer dem Netz nur Leistung zum Anlauf, während er beim Bremsvorgang größtenteils Leistung in die Fahrleitung abgibt. Infolge seines schlechten Wirkungsgrades ist jedoch die Leistungsabgabe ganz unbedeutend und wird auch noch dadurch ausgeglichen, daß die gegenelektromotorische Kraft in den Fahrmotoren etwas größer ist als bei den anderen Schaltungen. Die Summe aller dieser Wirkungen ist, daß der obenerwähnte theoretische Rückgewinn, den man ohne Berücksichtigung der Erregerleistungen erhalten würde, etwa ebenso wie bei der Summenschaltung von 25 auf 23% sinkt.

Will man jedoch bei der Schaltung III eine Erregerbatterie verwenden, so kann man die erwünschten steilen Bremskennlinien nur erreichen, wenn man einen Parallelwiderstand anordnet, der ebenfalls den Wirkungsgrad verschlechtert. Indessen wird noch weiter unten nachgewiesen werden, daß der in ihm entstehende Verlust bei richtiger Bemessung unbedeutend ist und den Rückgewinn nur wenig verringert, im Mittel etwa von 25% auf 24,3%.

Zusammenfassend erhält man das Ergebnis: Wenn ohne Berücksichtigung der Erregerleistung und der Verluste in den Parallelwiderständen ein Rückgewinn von 25% möglich wäre, so wird tatsächlich erreicht: bei der Schaltung I 23%, bei II ebenso etwa 23%, bei III mit Erregerbatterie und verlustloser Ladung 24,3%, bei IV ebenfalls 24,3%. Sind die Unterschiede auch nicht groß, so ist doch Schaltung III und IV den beiden anderen deutlich überlegen.

Dabei wurde vorausgesetzt, daß Schaltung I nicht mit Erregerbatterie betrieben wird. Das hat folgenden Grund: Wegen des größeren Erregerstroms ist die Batterie bei Schaltung I mit etwa dreimal soviel Ah zu laden als bei Schaltung III. Nun genügt es, wie die Erfahrung bereits gelehrt hat, im Betrieb auf ebenen Strecken gerade, wenn bei der Schaltung III die Batterie nur auf den Reihen-Anfahrstufen aufgeladen wird. Wollte man auch die Parallelstufen zur Ladung ausnutzen, so erhielte man nicht die dreifache, sondern nur etwa die doppelte Ladearbeit. Sie würde also für die Schaltung I offenbar in den meisten Fällen nicht mehr ausreichen. Deshalb kann bei den gewöhnlichen Verkehrsverhältnissen allein die Schaltung III mit verlustlos geladener Erregerbatterie betrieben werden. Das ist ein wichtiger Vorzug, denn die Batterie ist billiger als ein Umformer, auch betriebssicherer, und darf, wenn genügende Ladearbeit zur Verfügung steht, auch noch zum Speisen von Hilfsstromkreisen herangezogen werden. So kann kein Zweifel mehr bestehen, daß die Schaltung III allen anderen grundsätzlich überlegen ist, denn:

a) sie verlangt keinen Selbstschalter wie II und IV;
b) sie ergibt besseren Rückgewinn als I und II;
c) sie gestattet die Verwendung einer Erregerbatterie, die bei II und IV umständlichere Schaltungen bedingt;
d) sie gestattet die verlustlose Ladung der Erregerbatterie, die bei I nur ausnahmsweise möglich ist;
e) die Batterie wird genug geladen, um noch Leistung für Hilfsstromkreise abgeben zu können.

6. Steuerungen für Nutzbremsschaltungen.

A. Das Einschaltschütz.

Alle Nbr.-Schaltungen liefern ein treibendes statt ein bremsendes Drehmoment, wenn eine bestimmte Grenzgeschwindigkeit, die in Abb. 32 mit V_g bezeichnet ist, unterschritten wird. Da, wie mehrfach erwähnt, stets $U = \Phi n K$, ist V_g auch proportional der Fahrleitungsspannung, und der Fahrer kann daher, auch wenn ihm ein Geschwindigkeitsmesser zur Verfügung steht, bei starken Spannungsschwankungen nicht immer sicher erkennen, ob er beim Einschalten der Nbr. die erwünschte Bremskraft oder gar Zugkraft erhalten wird.

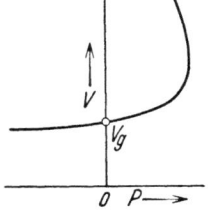

Abb. 32. Grenzgeschwindigkeit V_g bei Nbr.

Dieser Schwierigkeit wird durch das Einschaltschütz abgeholfen, denn es verbindet die durch den Fahrschalter hergestellte Nbr.-Schaltung erst dann mit dem Netz, wenn die Klemmenspannung etwa gleich der Fahrleitungsspannung geworden ist, d. h. wenn Nbr.-Wirkung entstehen kann. Stellt der Fahrer bei zu niedriger Geschwindigkeit die Nbr.-Stufe ein, so ergibt sich weder Brems- noch Zugkraft, und er wird, wie er das von der Wbr. her gewöhnt ist, sehr schnell auf die Wbr.-Stufen weiterschalten. Schwierigkeiten können daraus kaum entstehen, denn im allgemeinen wird der Fahrer die Anweisung erhalten haben, im Gefahrfalle sich nicht auf die Nbr. zu verlassen, weil ihre Wirkung ja stets vom Zustand des Netzes abhängt und daher ohnehin den an die Gefahrbremse zu stellenden Bedingungen nie entspricht.

Wenn der Wagen in ein Gefälle einläuft, so kann der Fahrer schon bei niedriger Geschwindigkeit die Nbr.-Stufe einstellen. Es entwickelt sich dann zunächst noch keine Bremswirkung, so daß sich das Fahrzeug weiter beschleunigt. Erst wenn die Grenzgeschwindigkeit überschritten wird, arbeitet das Einschaltschütz, und die Nbr. setzt ein.

B. Die mechanische Steuerung.

Selbsttätige Schütze sind im Straßenbahnbetrieb noch wenig verbreitet. Man war daher bestrebt, sie auch bei der Nbr. zu vermeiden und entwickelte die mechanische Steuerung, die sich bei Bahnen mit vorzugsweise ebenen Strecken bereits bewährt hat[1].

Auf ebenen Strecken ist ein Kennzeichen für die Geschwindigkeit, die das Fahrzeug beim Beginn des Bremsens noch besitzt, die höchste Fahrstufe, die bei der vorhergehenden Anfahrt benutzt wurde. Bildet man nun den Fahrschalternocken, der bei der Nbr.-Schaltung die Verbindung mit dem Netz herstellt, so aus, daß er nur schließen kann, wenn die Fahrschalterkurbel von der Fahrstellung her in die Nbr.-Stellung bewegt wird, und wenn außerdem beim vorhergehenden Anfahren eine verhältnismäßig hohe Fahrstufe, z. B. die unterste Parallelstufe erreicht wurde, so kann in den meisten Fällen die Nbr.-Schaltung nur dann vollkommen hergestellt werden, wenn die Grenzgeschwindigkeit überschritten ist, die Nbr.-Stufe also die erwünschte Bremskraft liefert.

Wenn jedoch, z. B. infolge Behinderung durch den übrigen Straßenverkehr, das Fahrzeug einen ungewöhnlich langen Auslauf hatte, so kann trotz der Benutzung einer hohen Anfahrstufe beim Beginn des Bremsens die Geschwindigkeit kleiner als V_g sein: Dann entsteht beim Einstellen der Nbr.-Stufe ein treibender Stromstoß, der allerdings erfahrungsgemäß vom Wagenselbstschalter derartig schnell abgetrennt wird, daß man ihn im Wagen

---

[1] DRP. 586360 der SSW, Erfinder: Lüdde und Neumann.

kaum fühlt. Er bringt also weiter keinen Nachteil, als daß der Fahrer gezwungen ist, vor der nächsten Anfahrt den Wagenselbstschalter wieder einzulegen. Als vollkommen kann also diese Lösung nicht betrachtet werden. Es hat sich aber gezeigt, daß sich die Fahrer verhältnismäßig schnell die erforderliche Übung erwerben, um das Herausfallen des Wagenselbstschalters so gut wie vollständig zu vermeiden. Die Mängel der mechanischen Steuerung lassen sich also durch die Geschicklichkeit des Fahrers ausgleichen.

Vorzug ist dafür die Einfachheit der ganzen Ausrüstung. Es ist lediglich in jedem Fahrschalter ein Kontakt mit der Verriegelung zu versehen, so daß für Wartung und Instandhaltung kein besonderer Aufwand erforderlich ist. Allerdings verlangt sie, daß der Wagenselbstschalter zuverlässig arbeitet, aber diese Forderung ist bei einem gut instand gehaltenen Fahrzeug ohnehin als erfüllt vorauszusetzen.

Die mechanische Steuerung ist demnach billiger und betriebssicherer als alle anderen. Sie ist nur bei den Schaltungen I und III anwendbar, weil II und IV stets ein Einschaltschütz verlangen. Sie hat sich im Betrieb auf Bahnen mit ebenen Strecken bereits bewährt. Auf steilen Gefällen muß sie versagen, da dann die Geschwindigkeit im Augenblick des Einsetzens der Bremse nicht mehr von der bei der Anfahrt erreichten Fahrstufe abhängt. Die Grenzen ihres Anwendungsgebietes sind durch die Geschicklichkeit des Fahrers bestimmt, können also nur durch Versuche im Betrieb ermittelt werden.

C. Der Überspannungsschutz.

Jede Nbr.-Schaltung treibt die Spannung am Stromabnehmer in die Höhe, sobald die Fahrleitung den Rückstrom nicht mehr aufnehmen kann. Beim Verbundmotor und bei allen anderen Schaltungen, die mit den für die Verzögerungsbremse so vorteilhaften steilen Bremskennlinien arbeiten, entfällt in diesem Augenblick die gegenerregende Wirkung des Bremsstroms, so daß die Spannung hochschnellen muß. Damit steigt bei allen Ausrüstungen, außer den mit Erregerbatterie arbeitenden, auch noch die Nebenschlußerregung weiter an, und die Spannungserhöhung erfolgt noch schneller. Es besteht also die Gefahr, daß die Lampen des Fahrzeugs durchbrennen oder noch andere Schäden auftreten.

Man hielt es deshalb immer für notwendig, bei allen Nbr.-Ausrüstungen einen Überspannungsschutz vorzusehen, der bei einer bestimmten Spannungserhöhung die Nbr.-Schaltung unterbricht. Indessen hat die Erfahrung neuerdings gelehrt, daß man häufig auf diesen Schutz verzichten kann. Wenn nämlich der Rückstrom plötzlich nicht mehr aufgenommen wird, so hört auch die Bremswirkung auf, und der Fahrer schaltet gefühlsmäßig, wie er es von der Wbr. her gewohnt ist, sofort auf die nächste Bremsstufe weiter. Ist dies eine Wbr.-Stufe, so geschieht das Abschalten der Nbr. derartig schnell, daß eine wesentliche Spannungserhöhung noch gar nicht entstehen konnte. Bei Ausrüstungen mit mehreren Nbr.-Stufen dürfte also der Überspannungsschutz nicht so leicht zu entbehren sein wie bei solchen mit nur einer einzigen. Da es dabei wieder auf die Aufmerksamkeit und Geschicklichkeit des Fahrers ankommt, kann nur der Versuch auf der Strecke entscheiden, ob ein Überspannungsschutz notwendig ist oder nicht.

D. Die selbsttätige Umschaltung.

Da die Wirksamkeit der Nbr. nicht nur vom einwandfreien Arbeiten aller Ausrüstungsteile des Fahrzeugs, sondern auch vom Betriebszustand des Fahrleitungsnetzes und der Unterwerke abhängt, ist die Entwicklung der Bremskraft nicht ohne weiteres gesichert, wenn die Nbr.-Stufe eingestellt wird. Deshalb wird oft gefordert, daß beim Aussetzen der Nbr.-Wirkung vollkommen selbsttätig eine Umschaltung auf eine Ersatzbremse stattfinden soll, die dieselbe Bremskraft wie die Nbr. liefert. Dann erst kann auch eine Nbr.-Stufe jederzeit als vollwertige Bremsstufe betrachtet werden.

Einzelne Nbr.-Schaltungen, z. B. die in Abb. 24 und 27 dargestellten, erfüllen bereits diese Bedingung, wenn auch noch nicht vollkommen: Beim Versagen der Nbr. setzt nämlich die Bremswirkung nicht aus, bleibt aber auch nicht immer in gleicher Höhe erhalten, sondern ist je nach der augenblicklichen Geschwindigkeit größer oder kleiner. Beim Übergang von einer Bremsart zur anderen entsteht also ein Stoß. Sollen solche Umschaltstöße vermieden werden, so muß die Ersatzbremse in dem ganzen Geschwindigkeitsbereich, in dem die Nbr. arbeiten kann, nahezu die gleiche Bremskennlinie besitzen. Die gewöhnliche Wbr. eignet sich also als Ersatzbremse nur für diejenigen Nbr.-Schaltungen, die mit dem für die Gefällebremse geeigneten flachen Kennlinienverlauf arbeiten. Für die Verzögerungsbremse sind jedoch die steilen Bremskennlinien erheblich besser geeignet und durch die neueren Nbr.-Schaltungen auch verwirklicht. Für diese ist also die Wbr. als Ersatzbremse kaum brauchbar. Besser eignen sich elektromagnetische oder Luftbremsen, aber sie sind heute in den meisten Triebwagen nicht mehr vorhanden. Eine vollkommene Lösung der Aufgabe der selbsttätigen Umschaltung ist also nur möglich, wenn man neue Arten der Wbr. einführt, die den gleichen Bremskennlinienverlauf wie die neueren Nbr.-Schaltungen besitzen. Die fremderregte Widerstandsbremse, auf die später noch genauer einzugehen ist, erfüllt diese Bedingungen.

Da die selbsttätige Umschaltung die volle Bremswirkung der Nbr.-Stufen gewährleistet, brauchen im Fahrschalter nicht mehr getrennte Fahrstufen für Nutz- und Ersatzbremse vorgesehen zu werden, und man kann die Anzahl der Fahrstufen verringern. Dieser Vorzug spielt dort eine Rolle, wo man zur Anwendung einer großen Zahl von Nbr.-Stufen gezwungen ist, wie z. B. bei Bahnen in stark bergigem Gelände. Auf ebenen Strecken, bei denen man mit einer einzigen Nbr.-Stufe auskommt, ist es überhaupt fraglich, ob die Einführung der selbsttätigen Umschaltung einen Zweck hat, denn wenn die Nbr. versagt, so schaltet der Fahrer ohnehin gefühlsmäßig auf die Wbr.-Stufen weiter, und im Gefahrfalle werden die ersten Bremsstufen doch übergangen, so daß dabei die Nbr. überhaupt nicht in Betracht kommt. Es ist also in jedem einzelnen Falle zu untersuchen, ob sich die Einführung der selbsttätigen Umschaltung durch die Betriebsverhältnisse rechtfertigt.

III. Schaltungen mit Erregerbatterie.

1. Die Nutzbremse mit Erregerbatterie.

A. Verschiedene Betriebserfahrungen.

Die Nbr.-Schaltung III mit Erregerbatterie und mechanischer Steuerung hat sich im Betrieb einer Großstadt-Straßenbahn mit ebenen Strecken bereits gut bewährt. Die ganze Nbr.-Ausrüstung besteht lediglich aus der Erregerbatterie, der mechanischen Verriegelung je eines Fahrschalterkontaktes und zwei Parallelwiderständen. Es ist nur eine Nbr.-Stufe vorhanden, bei der die beiden Fahrmotoren in Hintereinanderschaltung arbeiten. Einschaltschütz, Überspannungsschutz oder selbsttätige Umschaltung erwiesen sich als unnötig. Die Batterie wird auf den Reihen-Anfahrstufen in den Motorstromkreis eingeschaltet und so geladen. Die Batterie wiegt 170 kg, so daß sie das Zuggewicht, das etwa zwischen 15 und 25 t schwankt, nicht merklich vermehrt. Die Kosten der Ausrüstung sind äußerst niedrig, so daß sie sich allein durch die erzielten Stromersparnisse schnell bezahlt machen. Die Grenzgeschwindigkeit, bis zu der hinab Nbr. möglich ist, liegt bei 12 km/h. Da die Bremsung meistens bei Geschwindigkeiten von 25 ... 35 km/h beginnt, werden von der kinetischen Energie des Zuges bereits 77 ... 90% nutzbar gemacht, so daß es keinen Zweck gehabt hätte, durch die bekannten, stets kostspieligen Maßnahmen die Grenzgeschwindigkeiten zu verkleinern.

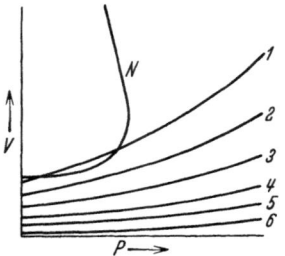

Abb. 33. Bremskennlinien eines Straßenbahnwagens.
Stufe N = Nbr.,
Stufe $1-6$ = Wbr.

Die Bremskennlinien des Fahrzeugs sind in Abb. 33 dargestellt. Da nur eine einzige Nbr.-Stufe vorhanden ist, erreicht man mit alleinfahrendem Triebwagen einen kürzeren Bremsweg als im Betrieb mit Beiwagen. Schwierigkeiten haben sich daraus nicht ergeben: Sonst wäre es notwendig gewesen, auch bei der Nbr. die elektromagnetischen Bremsen des Beiwagens arbeiten zu lassen. Eine solche Schaltung ist zwar ohne weiteres genau wie bei der Wbr. möglich, aber sie bringt den Nachteil, daß sich der Rückgewinn verringert. Die Wagenkupplungen müssen in gutem Zustand sein, damit beim Auflaufen des Beiwagens auf den Triebwagen, das bei voller Ausnutzung der kinetischen Energie des ganzen Zuges durch die Nbr. unvermeidlich ist, keine lästigen Stöße entstehen.

Die Fahrschalterstufen sind so angeordnet, daß auf die Nullstellung zunächst die Nbr.-Stufe und dann die Wbr.-Stufen folgen. Die Bedienungsweise des Wagens ist also durch die Einführung der Nbr. kaum verändert worden. Wie aus Abb. 33 hervorgeht, überschneidet die Bremskennlinie der Nbr. die der obersten Widerstandsstufe. Wird die Nbr. vollständig, d. h. nahezu bis

Die Nutzbremse mit Erregerbatterie. 63

zur Grenzgeschwindigkeit hinunter ausgefahren, so ist im allgemeinen die 1. Wbr.-Stufe zu überschalten, weil sie keine ausreichende Bremskraft mehr liefert. Daraus entsteht der Nachteil, daß mancher Fahrer dazu neigt, vorzeitig die Nbr.-Wirkung abzubrechen und zur Wbr. überzugehen. Andererseits aber ergibt sich der Vorteil, daß beim Versagen der Nbr. noch genügend Bremsstufen zur Verfügung stehen, um das Fahrzeug auch von den höchsten Geschwindigkeiten aus fast ebenso sanft wie früher abzubremsen.

Störende Erscheinungen an den Motoren, Mehrerwärmung der Anker usw. fielen nicht auf. Selbst beim Überfahren von Trennstellen entstand kein Bürstenfeuer od. dgl. Abb. 34 zeigt die dabei durch den Oszillographen aufgenommenen Änderungen von Brems- und Erregerstrom. Man erkennt daraus die außerordentlich schnelle regelnde Wirkung des Parallelwiderstandes. Bei solchen Fahrleitungsnetzen, in denen die Polarität der Spannung wechselt, wäre allerdings an den

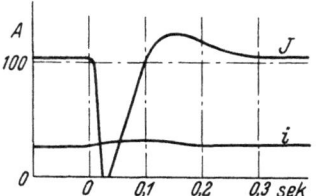

Abb. 34. Bremsstrom I und Erregerstrom i beim Überfahren eines Streckentrenners.

Streckentrennern auch die Batterie umzuschalten. Diesen Nachteil haben die Schaltungen mit Erregerumformer oder Verbundmotoren nicht, aber auch bei ihnen ist das Durchfahren einer Streckentrennung mit Polaritätswechsel keineswegs ohne weiteres gelöst, sondern bedarf immer besonderer Beachtung. Da die sog. Dreileiterspeisung des Fahrleitungsnetzes nur bei verhältnismäßig wenigen Bahnen durchgeführt ist, braucht hier nicht genauer auf diese Fragen eingegangen zu werden.

B. Vergleich zwischen Erregerbatterie und Umformer.

Von den augenblicklich bekannten Batteriebauarten kommen nur ganz wenige für den Betrieb als Erregerbatterie in Betracht, weil die Ladung durch heftige Stromstöße während der Anfahrt erfolgt und weil eine besondere selbständig arbeitende Einrichtung zur Überwachung der Ladung zu umständlich wäre. Dauerndes Überladen darf also die Batterie nicht beschädigen. Es hat sich gezeigt, daß die Nickel-Kadmium-Batterien diesen Beanspruchungen vollkommen gewachsen sind. Sie entwickeln keine

Säuredämpfe, sind daher leichter unterzubringen und leiden auch nicht durch scharfe Winterkälte. Ihre Lebensdauer ist groß. Die Wartung besteht nur darin, daß sie von Zeit zu Zeit mit destilliertem Wasser nachgefüllt werden müssen. Es ist ohne weiteres möglich, den Laugeninhalt jeder Zelle so reichlich zu bemessen, daß das Nachfüllen bei den im Straßenbahnbetrieb vorkommenden Belastungen nicht öfter als etwa alle 4 Wochen notwendig wird. Wesentliche Kosten für Wartung und Instandhaltung entstehen also nicht.

Das Gewicht des Umformers ist etwa dasselbe wie das der Batterie. Schon wegen seiner Kommutatoren muß er etwa ebensooft wie ein Fahrmotor nachgesehen werden. Nicht nur die Anschaffungs-, sondern auch die Unterhaltungskosten sind also stets größer als bei der Batterie, und ob er ihre Lebensdauer erreicht, kann erst die Erfahrung lehren, erscheint jedoch nicht wahrscheinlich. Vor allem ist für seine Betriebssicherheit ein großer Nachteil, daß seine 550 V-Ankerwicklung aus einer großen Anzahl dünner Drähte bestehen muß.

Entsteht am Umformer ein Schaden, so setzt die Erregerspannung schlagartig aus. Bei der Batterie ist ein derartig plötzliches Versagen nur dann denkbar, wenn z. B. eine Verbindung zwischen den einzelnen Zellen bricht. Tritt dieser Fall ein, so ist auf den ersten Anfahrstufen der Motorstromkreis unterbrochen und die Anfahrt wird unmöglich. Ist an der Bruchstelle noch einiger Kontakt vorhanden, so wird an ihr beim Anfahren ein Lichtbogen entstehen, der, falls er nach Erde überschlägt, den Wagenselbstschalter auslöst. In dieser Weise wird jedesmal bei der Anfahrt zwangsläufig die Batterie geprüft.

Spannungszeiger oder Kennlampen, an denen der Fahrer ein etwaiges Versagen der Batterie erkennt, sind billig. Sie erscheinen aber kaum notwendig, denn wenn tatsächlich ein Batterieschaden auftreten sollte, z. B. wenn das Nachfüllen unterblieben ist, so sinkt die Erregerspannung nur ganz allmählich, und das langsame Nachlassen der Nbr.-Wirkung fällt auf, ehe irgendeine Betriebsgefahr daraus entstehen kann. Die Bremskraft hört erst dann völlig auf, wenn der Laugespiegel bis auf die Unterkante der Platten gesunken ist. Im Straßenbahnbetrieb kann dieser Zustand erst mehrere Tage, nachdem die Spannung nachzulassen begonnen hat, eintreten, wenn die Größe der Batterie richtig gewählt ist. Es ist also reichlich Zeit vorhanden, den Fehler schon im Entstehen zu bemerken. Daß eine Ladung der Batterie nicht zustande kommt, ist bei der beschriebenen Ladeart kaum denkbar. Nimmt man trotzdem diesen Fall an, so ist die Kapazität groß genug, um im gewöhnlichen Straßenbahnbetrieb, von der letzten vollen Ladung an gerechnet, noch ein bis zwei Tage lang die Nbr.-Wirkung zu gewährleisten. Unregelmäßigkeiten des Betriebes, die z. B. auf einem Streckenteil mehr Erregerarbeit verlangen als auf einem anderen, spielen also keine Rolle. Sollte infolge irgendeines Zufalls einmal, z. B. im Dienst auf einer ursprünglich bei der Bemessung der Batterie für die Nbr. nicht vorgesehenen Strecke, keine ausreichende Ladung erfolgen, so wird im allgemeinen erst nach einigen Tagen ein Nachlassen der Nbr.-Wirkung zu bemerken sein.

Auf Bahnen mit langen und starken Gefällen muß die Batterie erheblich mehr Erregerarbeit liefern als im Betrieb auf ebenen Strecken. Dann kann es vorkommen, daß sie bei der Anfahrt, auch wenn man noch die Parallel-Anfahrstufen zum Laden mitbenutzt, keine genügende Ladung erhalten kann. Da man das Nachladen im Schuppen wohl wegen der Kosten und der Umständlichkeit nicht leicht in Kauf nehmen wird und die Aufstellung eines besonderen Ladeumformers auf dem Fahrzeug gewöhnlich auch zu kostspielig sein dürfte, wird dann ein Umformer der Batterie vorzuziehen sein. Dieser Fall ist aber nur bei Bergbahnen wahrscheinlich.

Einer der wichtigsten Vorteile der Batterie ist, daß sie eine praktisch von der Fahrleitungsspannung unabhängige Niederspannungsstromquelle von verhältnismäßig hoher Kapazität (etwa 75 Ah, 24 V für einen Straßenbahnwagen mit 2 Motoren) darstellt und zum Speisen anderer Stromkreise benutzt werden kann, zumal ihre Ladung nichts kostet. Man ist heute durch die steigenden Fahrgeschwindigkeiten immer mehr dazu gezwungen, auch den Straßenbahnwagen mit jenen Hilfseinrichtungen zu versehen, die fast jeder Kraftwagen besitzt, wie z. B. Scheibenwischer, Notbeleuchtung, Scheinwerfer usw. Diese sind meistens nur für Niederspannung gleichzeitig billig und wirtschaftlich. Mit besonderem Vorteil lassen sich elektromagnetische oder Schienenbremsen von der Batterie aus betreiben, da sie dann auch bei den niedrigsten Fahrgeschwindigkeiten noch ihre volle Bremswirkung behalten. Viele Fahrzeuge sind aus diesen Gründen bereits heute mit Batterien ausgerüstet. Versieht man solche Wagen mit einer Nbr.-Einrichtung, so kann die Erregerbatterie die Nebenaufgaben wohl stets ohne Schwierigkeit mit übernehmen, und dann ist man berechtigt, die Kosten der ersparten Wagenbatterie von den Anschaffungskosten der Nbr.-Ausrüstung abzuziehen.

C. Elektrische Einzelheiten.

Zur Erläuterung einiger Eigentümlichkeiten der Nbr.-Schaltung III ist es notwendig, auf die Grundlagen ihrer Berechnung einzugehen. Der Zusammenhang zwischen Erregerspannung u, Bremsstrom I und Erregerstrom i ist, falls R den Parallelwiderstand und r den Widerstand der Feldwicklung bezeichnet, durch die bereits erwähnte Gleichung gegeben:

$$i = \frac{u - IR}{R + r}.$$

Ist u gegeben, so erhält man daraus das zu jedem I gehörige i. Aus der Magnetisierungskurve des Motors $\Phi = f(I, i)$ ist dann der magnetische Fluß zu ermitteln. Da bei hohen Geschwindigkeiten und großen Bremskräften i klein, I jedoch groß wird, kann die Ankerrückwirkung hier selbst für Näherungsrechnungen nicht vernachlässigt werden. In Abb. 35 ist die Magnetisierungskurve eines gewöhnlichen Straßenbahnmotors dargestellt, um den Einfluß der Ankerrückwirkung zu zeigen. Ist der Kraftfluß bekannt und aus Fahrleitungsspannung und den Ohmschen Spannungsabfällen die Anker-EMK ermittelt, so kann Drehzahl und Drehmoment bestimmt werden.

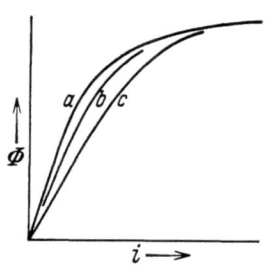

Abb. 35. Magnetisierungskurven eines Straßenbahnmotors mit Berücksichtigung der Ankerrückwirkung. a = Leerlauf, $b = I = 100\%$ des Nennstroms, $c = I = 200\%$ des Nennstroms.

Die Berechnung der einzelnen elektrischen Größen ist also außerordentlich einfach und so wenig zeitraubend, daß es nicht lohnt, hierzu die von verschiedener Seite angegebenen Diagramme zu benutzen, die stets die Ankerrückwirkung vernachlässigen und oft sogar den Kraftfluß proportional i setzen, so daß die Zuverlässigkeit des Ergebnisses gering ist.

Wie die Abb. 36 zeigt, kann man durch Verringern des Parallelwiderstandes die Bremskraft in den weitesten Grenzen erhöhen, ohne daß sich die Art des Kennlinienverlaufs irgendwie bemerkenswert ändert. Infolge des Einflusses der Eisensättigung bleibt dabei auch die Grenzgeschwindigkeit fast die gleiche. Wenn man den Parallelwiderstand von vornherein reichlich genug bemessen hat, so kann durch entsprechende Anzapfungen die Bremskraft fast beliebig verändert werden, und ohne große Kosten

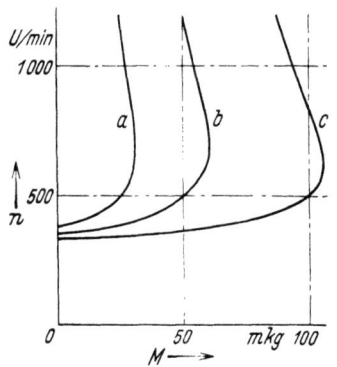
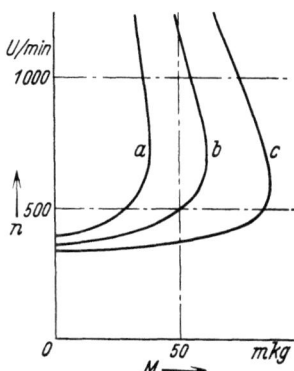

Abb. 36. Bremskennlinien eines Straßenbahnmotors in Schaltung III, Batteriespannung 24 V.
$a = 0{,}15\ \Omega$ Parallelwiderstand,
$b = 0{,}08\ \Omega$ Parallelwiderstand,
$c = 0{,}04\ \Omega$ Parallelwiderstand.

Abb. 37. Bremskennlinien eines Straßenbahnmotors, Schaltung III, Parallelwiderstand $0{,}08\ \Omega$.
$a = 18$ V
$b = 24$ V } Batteriespannung.
$c = 30$ V

läßt sich diejenige Bremswirkung einstellen, die den Anforderungen des Betriebes am besten entspricht.

Ähnlich wie eine Änderung des Parallelwiderstandes wirkt auch das Erhöhen oder Erniedrigen der Erregerspannung, Abb. 37. Wegen der Kosten der Bremsausrüstung und auch um die Verluste im Parallelwiderstand gering zu halten, ist eine möglichst niedrige Erregerspannung erwünscht. Andererseits aber bringt sie den Nachteil, daß leichter Störungen durch verschmutzte Kontakte usw. auftreten können. Ferner empfiehlt es sich, im Hinblick auf etwa von der Erregerbatterie noch zu versorgende Nebeneinrichtungen eine übliche Niederspannung zu wählen, wie z. B. 24 oder 32 V. Der erstere Wert ist für die gewöhnlichen Straßenbahnausrüstungen, die mit 550 V Fahrdrahtspannung arbeiten, meistens der günstigste und liegt auch hoch genug, um

Kontaktschwierigkeiten zu vermeiden. Der Rechnung nach käme man oft sogar mit 15 V aus.

Der Parallelwiderstand wird so klein, daß es sich empfiehlt, neben jedem Fahrschalter je einen solchen anzuordnen, um das Verlegen neuer Leitungen, das teurer sein würde, zu ersparen. Die in ihm entwickelte Wärmemenge ist gering genug, um die Aufstellung im Führerstand zuzulassen. Einen Überblick über die in ihm auftretenden Verluste liefert folgende Überlegung:

Gäbe es weder die Erscheinungen der Eisensättigung noch die der Ankerrückwirkung, so entstände der Höchstwert der Bremskraft, P_{max}, dann, wenn iI ein Maximum wird. Das ist dann der Fall, wenn $u = 2IR$ wird. Durch Eisensättigung und Ankerrückwirkung verschiebt sich dieser Wert nicht besonders stark, und so darf als Mittelwert für den ganzen Bremsvorgang angenommen werden, daß $IR = 0{,}7\,u$. Das bedeutet:

Bei 550 V Fahrdrahtspannung und 24 V Erregerspannung verringern die Verluste im Parallelwiderstand den Nbr.-Wirkungsgrad etwa im Verhältnis (550 + 16) : 550, also um rund 3%. Sie vermindern daher eine Stromersparnis von 25% auf etwa 24,3%, sind also tatsächlich unbedeutend, wie vorher bereits mehrfach vorausgesetzt wurde. Damit ist bestätigt, daß die Nbr.-Schaltung III mit verlustlos geladener Erregerbatterie sämtlichen anderen Nbr.-Schaltungen im Wirkungsgrad grundsätzlich überlegen ist.

Das gilt jedoch nur so lange, wie die Erregerspannung nicht unnötig hoch ist. Beträgt sie z. B. 10% der Fahrleitungsspannung, so verringert sie den Bremswirkungsgrad bereits um rund 7%, setzt also eine Stromersparnis von 25% auf 23,3% herab und ist damit z. B. der Summenschaltung nicht mehr überlegen.

D. Gefällebremse.

Da man bei der Gefällebremse eine Zunahme der Bremskraft mit steigender Geschwindigkeit wünscht, ist für sie nur der untere Ast der Bremskennlinie geeignet, der nach oben durch den Punkt, an dem der Höchstwert der Bremskraft erreicht wird, begrenzt ist. Solange nur schwache Gefälle zu befahren sind, kommt es auf genaues Einhalten dieser Bedingung wenig an, auf steilen jedoch ist die Forderung berechtigt.

Die Nutzbremse mit Erregerbatterie. 69

Wie die Abb. 36 und 37 zeigten, ermöglicht die bisher betrachtete Schaltung das Bremsen auf steilen Gefällen nur innerhalb eines kleinen Geschwindigkeitsbereichs, das sich bis zu etwa 35 oder 40% oberhalb der Grenzgeschwindigkeit erstreckt. Genügt es den Anforderungen des Betriebes, so ist keine Veranlassung zu einer Schaltungsänderung gegeben. Wenn jedoch auch stärkere Gefälle mit höherer Geschwindigkeit durchfahren werden sollen, so dürfte die in Abb. 38 dargestellte Schaltung vorzuziehen sein, mit der sich die in Abb. 39 gezeichnete Bremskennlinienschar ergibt. Hier ist der zur Gefällebremse geeignete Geschwindigkeitsbereich erheblich erweitert und erstreckt sich bei den größeren Bremskräften über das Doppelte der Grenzgeschwindigkeit hinaus.

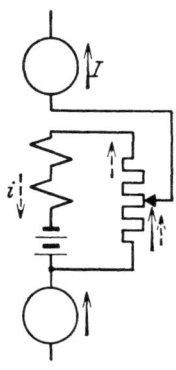

Abb. 38. Regelung der Nbr. für Gefällebremse.

Auf der ersten Bremsstufe wird der ganze Parallelwiderstand sowohl vom Brems- wie vom Erregerstrom durchflossen: Die Schaltung ist also genau die gleiche wie bisher, und auch der Verlauf der Bremskennlinie der ersten Stufe ist nicht geändert. Das ist auch für das Gefällebremsen nicht notwendig, weil man die kleine Bremskraft der ersten Stufe doch nur auf den ungefährlichen, gering geneigten Strecken anwendet. Andererseits bringt der steile Verlauf dieser Kennlinie den wichtigen Vorteil, daß sich die Bremse leichter stoßfrei einschalten läßt: Solange die Grenzgeschwindigkeit überschritten ist, kann sich immer nur eine mäßige Bremskraft entwickeln.

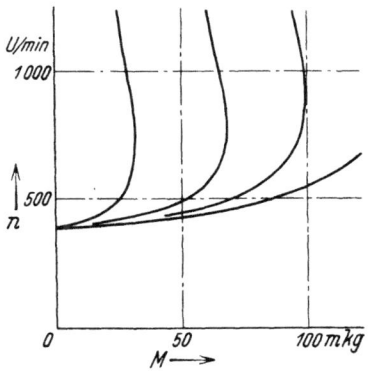

Abb. 39. Bremskennlinien eines Straßenbahnmotors, Schaltung III mit 24 V-Batterie, Regelung nach Abb. 38.

Genügt die Bremskraft der ersten Stufe nicht, so ist weiter zu schalten. Dann wird nach Abb. 38 nur noch ein Teil des Parallelwiderstandes gemeinsam von Brems- und Erregerstrom durchflossen, es entsteht also nach Abb. 39 größere Bremskraft, und das Verhalten des Motors wird

70　Schaltungen mit Erregerbatterie.

ähnlicher dem einer Nebenschlußmaschine, also für die Gefällebremse günstiger. Wird in dieser Weise weiter geregelt, so gelangt man schließlich dahin, daß der Bremsstrom überhaupt nicht mehr durch den Widerstand R fließt, sondern R nur noch einen Zusatzwiderstand zur Erregerwicklung darstellt. Dann arbeitet der Motor vollständig als Nebenschlußmaschine, zeigt also auch alle dieser Maschinenart eigentümlichen Vor- und Nachteile. Schon wegen der Empfindlichkeit auf Spannungsschwankungen der Fahrleitung ist nicht zu empfehlen, mit der Regelung so weit zu gehen, sondern den Fahrschalter so einzurichten, daß auch auf der letzten Nbr.-Stufe noch ein Teil des Widerstandes R vom Bremsstrom durch-

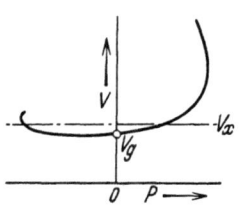

Abb. 40. Labile Bremskennlinie einer Schaltung mit Nebenschlußcharakteristik bei zu starker Ankerrückwirkung.

flossen wird. Soll die Nbr.-Einrichtung in vorhandene Fahrzeuge nachträglich eingebaut werden, so ist immer zu bedenken, daß der Motor ursprünglich gar nicht für diese Betriebsart entworfen wurde. Es kann dann vorkommen, daß sich für die reine Nebenschlußschaltung die in Abb. 40 gezeichnete Bremskennlinie ergibt, weil die Ankerrückwirkung zu stark ist. Bei ihr ergeben sich für die Geschwindigkeit V_x zwei Betriebspunkte, auf dem einen wird Brems-, auf dem anderen Zugkraft entwickelt. Für steile Gefälle dürfte eine solche Kennlinie als unzulässig zu betrachten sein. Daraus ist zu folgern, wie wichtig bei allen derartigen Berechnungen die Erscheinung der Ankerrückwirkung werden kann.

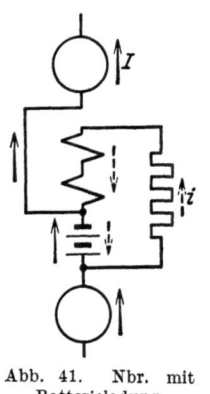

Abb. 41. Nbr. mit Batterieladung.

Zeigen die Nachrechnungen, daß keine Bedenken gegen die reine Nebenschlußschaltung bestehen, so ist zu erwägen, ob man statt ihrer nicht die in Abb. 41 dargestellte wählt, die fast die gleiche Bremskennlinie liefert. Bei ihr fließt auch der Bremsstrom durch die Batterie, aber in umgekehrter Richtung wie der Erregerstrom, so daß die Batterie geladen wird solange $I > i$, denn es ist die bereits erwähnte Differenzschaltung. Gerade auf Bergstrecken kann diese Schaltung Vorteile bringen, weil dort mitunter die Ladung allein bei der Anfahrt nicht ausreicht. Es

Die Fremderregte Widerstandsbremse. 71

kommt jedoch darauf an, daß Bremskräfte und Geschwindigkeiten den Anforderungen des Betriebes entsprechen, weil eine Regelung nur durch Ändern des Widerstandes erfolgen kann und wegen der Ankerrückwirkung der Erregerstrom nicht zu stark verringert werden darf.

2. Die Fremderregte Widerstandsbremse.

A. Die Fremderregte Widerstandsbremse mit Parallelwiderstand.

Wie in den vorhergehenden Abschnitten erörtert wurde, hat die zur Erregung bei der Nbr. benutzte Nickel-Kadmium-Batterie sich bereits im Betrieb als recht zuverlässig erwiesen und darf auch unter den im Straßen- und Schnellbahnbetrieb üblichen Verhältnissen stets als voll geladen betrachtet werden. Sie erscheint deshalb geeignet, um zur Verbesserung der bekannten Mängel der Wbr. herangezogen zu werden. Ein Umformer wäre dazu nicht brauchbar, weil er stehen bleibt, sobald die Fahrleitungsspannung aussetzt oder der Stromabnehmer entgleist.

Ferner war darauf hingewiesen worden, daß sich die Aufgabe der selbsttätigen Umschaltung nur dann restlos lösen läßt, wenn man über eine Wbr. verfügt, die Bremskennlinien der gleichen steilen Form liefert, wie die zur Verzögerungsbremse angewandten Nbr.-Schaltungen.

Wenn man zunächst von der Nbr.-Schaltung III, Abb. 22, ausgeht und nur an Stelle des Netzes einen Bremswiderstand S einschaltet, Abb. 42, so ergibt sich eine als Fremderregte Widerstandsbremse (Fr.Wbr.) mit Parallelwiderstand zu bezeichnende Anordnung. Ihre Bremskennlinien zeigt Abb. 43. Sie ähneln

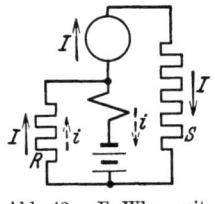

Abb. 42. Fr.Wbr. mit Parallelwiderstand.

denen der Nbr., nur mit dem Unterschied, daß die Grenzgeschwindigkeit gleich Null ist. Die Ursache ist offenbar: An die Stelle der Fahrleitungsspannung ist der Spannungsabfall im Bremswiderstand getreten, und dieser ist IS, so daß bei ganz niedriger Geschwindigkeit sowohl I wie IS sehr klein werden.

Ist der Bremswiderstand groß, S_1 in Abb. 43, so steigt die Bremskraft im größten Teil des ganzen Betriebsbereichs proportional mit der Geschwindigkeit an. Solche Bremskennlinien sind für die Verzögerungsbremse erheblich besser geeignet als die der gewöhnlichen Wbr. und erfüllen auch die Bedingungen der Gefällebremse. Mit einem kleineren Bremswiderstand, S_2, erreicht man innerhalb eines großen Geschwindigkeitsbereichs etwa gleichbleibende Bremskraft. Wird der Bremswiderstand noch kleiner gewählt, etwa S_3 oder S_4, so steigt die Bremskraft zunächst etwa proportional der Geschwindigkeit an, bleibt dann innerhalb eines kleinen Geschwindigkeitsbereiches fast unverändert und nimmt schließlich bei weiterem Anwachsen der Geschwindigkeit wieder langsam ab. Solche Kennlinienformen sind besonders für die Verzögerungs- und Gefahrbremse geeignet.

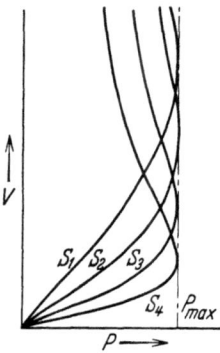

Abb. 43. Bremskennlinien für Fr.Wbr. mit Parallelwiderstand nach Abb. 42.

Bei allen Kennlinien bleibt der Höchstwert der Bremskraft, P_{max}, stets derselbe. Er wird also nicht durch den Bremswiderstand, sondern nur durch Parallelwiderstand und Erregerspannung bestimmt. Sollen stärkere Bremskräfte entwickelt werden, so ist daher nur der Parallelwiderstand zu verkleinern. Durch Ändern der beiden Widerstände kann man also sowohl Bremskraft wie Kennlinienform einstellen und damit die Bremse den verschiedensten Betriebsbedingungen anpassen. Es scheint keine andere Bremsart zu geben, die derartige Einstellmöglichkeiten bietet. Bei der gewöhnlichen Wbr. z. B. kann man die Kennlinienform nur durch Ändern der Magnetisierungskurve, also durch nicht ganz einfachen Umbau des Motors, lediglich in ganz bescheidenem Maße verschieben.

Wenn man den Bremswiderstand so groß wählt, daß für den Höchstwert der Bremskraft gerade IS gleich der Fahrleitungsspannung wird, so erhält man eine Bremskennlinie, die sich an diesem Punkte mit der Kennlinie der Nbr. genau deckt und von ihr im ganzen Anwendungsbereich der Nbr. überhaupt wenig abweicht. So findet erst durch die Fr.Wbr. die Frage der selbsttätigen Umschaltung ihre vollkommene Lösung.

Wenn sich die Fahrtrichtung umkehrt und an der Schaltung nichts geändert wird, so verkleinert ein anwachsender Bremsstrom den Spannungsabfall im Parallelwiderstand und verstärkt damit den Erregerstrom. Infolge der Eisensättigung wird jedoch der magnetische Fluß nicht mehr viel vergrößert, und die Bremskräfte wachsen etwa proportional mit der Geschwindigkeit. Die Bremswirkung ist zwar wegen des starken magnetischen Flusses sehr kräftig, aber der Batterie wird eine große Leistung entnommen, so daß sich diese Schaltung zur betriebsmäßigen Verwendung wohl wenig eignet. Mitunter kann ein Vorteil darin erblickt werden, daß auf diese Weise gelegentlich kurze, sehr steile Gefälle mit niedrigster Geschwindigkeit befahren werden können.

B. Die Fremderregte Widerstandsbremse mit Parallelleitung.

Verringert man bei der Fr.Wbr. den Wert des Parallelwiderstandes immer mehr und ersetzt man ihn schließlich durch eine widerstandslose Leitung, so wird der Erregerstrom überhaupt nicht mehr von dem Bremsstrom beeinflußt, und auf jeder einzelnen Stufe wird die Bremskraft einfach der Geschwindigkeit proportional. Die Schaltung zeigt Abbildung 44 und die zugehörigen Bremskennlinien sind in Abb. 45 dargestellt. Zur Gefällebremse ist diese Anordnung gut geeignet, aber auch für die Verzögerungsbremse immer noch besser als die gewöhnliche, selbsterregende Wbr. brauchbar. Rollt das Fahrzeug rückwärts, so ergeben sich genau die gleichen Kennlinien.

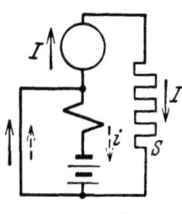

Abb. 44. Fr.Wbr. mit Parallelleitung.

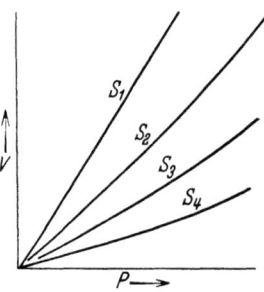

Abb. 45. Bremskennlinien für Fr.Wbr. mit Parallelleitung nach Abb. 44.

C. Die Fremderregte Widerstandsbremse mit Batterieladung.

Aus der Nbr.-Schaltung Abb. 41 läßt sich die in Abb. 46 dargestellte Wbr.-Schaltung ableiten, die den Vorteil bietet, daß die Batterie nicht entladen, sondern geladen wird, solange $I > i$ ist. Da die Größe des Bremsstromes keinen Einfluß auf den Erregerstrom ausübt, ergibt sich fast der gleiche Kennlinienverlauf wie bei der Fr.Wbr. mit Parallelleitung, bis auf einen kleinen Unterschied Abb. 47: Steht das Fahrzeug still, so treibt die Batterie auch durch den Anker einen Strom, der ein Drehmoment liefert, das den Wagen rückwärts anzufahren sucht. Da die Batteriespannung nur etwa 5% der Fahrleitungsspannung beträgt, kann diese Wirkung nur ausreichen, um einen alleinfahrenden Triebwagen auf ebener Strecke ganz langsam zu verschieben. Es ist nicht ausgeschlossen, daß diese Eigentümlichkeit gelegentlich als Vorteil betrachtet werden kann. Wird bei der Rückwärtsfahrt eine bestimmte Geschwindigkeit überschritten, so setzt wieder Bremswirkung ein.

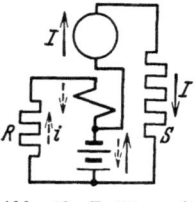

Abb. 46. Fr.Wbr. mit Batterieladung.

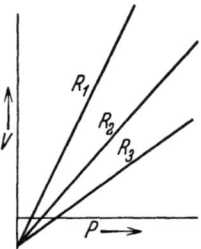

Abb. 47. Bremskennlinien für Fr.Wbr. mit Batterieladung nach Abb. 46.

Die Kennlinienform eignet sich wieder gut für die Gefälle- und Verzögerungsbremse. Da gerade auf den Bahnen mit zahlreichen Steigungen das Laden der Batterie bei der Anfahrt mitunter nicht ganz ausreicht, erscheint diese Schaltung der Fr.Wbr. mit Parallelleitung überlegen.

D. Die Betriebssicherheit der Fremderregten Widerstandsbremsen.

Wenn die Erregerbatterie anscheinend schon heute als völlig betriebssicher betrachtet werden darf, steht nichts mehr im Wege, die großen Vorteile der Fremderregung auszunutzen und die selbsterregende Wbr. durch die fremderregte zu ersetzen. Wenn auch die Selbsterregung gewöhnlich so schnell vor sich geht, daß schon etwa 0,1 s nach dem Einstellen der Bremsstufe mit der vollen Bremswirkung gerechnet werden darf, so kommt doch bei der Fremderregung auch diese kurze Zeitspanne noch fast völlig zum Fortfall. Daraus folgt eine Kürzung des Bremsweges, die bei hoher Fahrgeschwindigkeit schon 1 m erreichen kann, also nicht zu vernachlässigen ist. Ferner sorgt die Fremderregung dafür, daß sofort beim Einschalten Ankerspannungen einer solchen Größe entstehen, daß auch nicht ganz einwandfreie Kontakte durchschlagen werden. Die Bremse setzt also schneller und sicherer ein.

Die Fr.Wbr. ermöglicht es, Kennlinien von solcher Form zu wählen, wie sie den Anforderungen des Betriebes am besten entsprechen. Man kann also mit sehr wenigen verschiedenen Bremsstufen auskommen, mitunter sogar mit einer einzigen, d. h. vollkommen selbsttätige Bremsarten entwickeln. Wenn dieses Ziel auch nur in Sonderfällen völlig zu erreichen ist, so bedeutet doch die bessere Anpassung der Bremskennlinie und die Einschränkung der Stufenanzahl eine Erleichterung der Bedienung. Heftige Stöße infolge ungeschickten Fahrens werden seltener auftreten, und damit werden auch die Fahrmotoren geschont.

Die geringeren Bremskraftsprünge beim Übergang von einer Stufe zur anderen gestatten es, die mittlere Bremskraft näher an die Adhäsionsgrenze heranzulegen, als es bei der gewöhnlichen Wbr. infolge ihres flachen Kennlinienverlaufs möglich ist. Daraus folgt eine bessere Ausnutzung der Adhäsion, durch die der Bremsweg im Gefahrfalle erheblich gekürzt werden kann.

Durch die Fremderregung wird die Selbstinduktion des Bremsstromkreises verringert. Damit kommen auch beim Durchreißen die Räder weniger leicht ins Rutschen, insbesondere werden jene Schlupferscheinungen, die ein Nachteil der gewöhnlichen Wbr. sind, erheblich gedämpft. Daraus folgt abermals eine Kürzung des Bremsweges, besonders wenn an die Geschicklichkeit der Bedienung keine zu hohen Ansprüche gestellt werden dürfen.

Schließlich liefert die Fr.Wbr. auch bei den geringen Geschwindigkeiten noch etwas Bremskraft, bei denen die gewöhnliche Wbr. nicht mehr arbeitet. Das Anhalten des Wagens ohn Benutzung der Handbremse wird dadurch beschleunigt. Weder Feld- noch Ankerwicklung brauchen umgepolt zu werden (außer bei der Fr.Wbr. mit Batterieladung), sondern bleiben ebenso geschaltet wie zur Vorwärtsfahrt. Daraus kann sich eine Vereinfachung der Fahrschalter ergeben.

In manchen Betrieben wird als Vorteil zu betrachten sein, daß die Fr.Wbr. auch ohne Umschaltung in beiden Fahrtrichtungen wirkt. Dafür hat sie den Nachteil, daß die Fahrkurbel bei stillstehendem Wagen nicht gewohnheitsmäßig auf der letzten Bremsstufe bleiben soll, damit die Batterie nicht unnötig entladen wird.

Da keine andere Größe für die Sicherheit des Betriebes wichtiger und kennzeichnender ist als die Länge des Bremsweges, könnte schon dieser Fortschritt allein die Einführung der Fr.Wbr. rechtfertigen.

3. Die Verwendung der verschiedenen Bremsarten im Fahrzeug.

A. Die Verzögerungsbremse.

Im Abschnitt I, 1 A wurden die Bedingungen erörtert, die eine vollkommene Verzögerungsbremse erfüllen sollte. Es ist nun zu untersuchen, wie durch die verschiedenen Bremsarten die Aufgabe besser als mit der alten Wbr. zu lösen ist.

Im Hinblick auf die weitere Steigerung der Reisegeschwindigkeiten dürfte ein Verzicht auf die Nbr. nicht mehr zeitgemäß erscheinen. Als 1. Stufe wäre also eine Nbr.-Stufe zu wählen, deren Bremskennlinie Abb. 48 zeigt. Wie die Erfahrung bereits gelehrt hat, ist die Anwendung mehrerer Nbr.-Stufen für die Verzögerungsbremse wohl in den meisten Fällen unnötig. Versagt die Nbr., so soll eine 2. Bremsstufe etwa die gleichen Bremskräfte liefern können wie die Nbr.: Hierzu ist die Fr.Wbr. geeignet, die unter Beibehaltung des gleichen Parallelwiderstandes diese Forderung mit großer Genauigkeit erfüllt. Mit ihr ist es bereits möglich, den Wagen zum Stehen zu bringen, aber die Verzögerung bei den niedrigen Geschwindigkeiten dürfte für die meisten Verkehrsverhältnisse noch nicht ausreichen. Es ist also noch eine 3. und 4. Bremsstufe anzuordnen, die hier auch als Fr.Wbr., aber mit kleineren Parallel- und Bremswiderständen, angenommen sind. Stufe 3 soll so bemessen sein, daß sie für den gewöhnlichen Betrieb ausreicht, während 4 als Gefahrbremse dient.

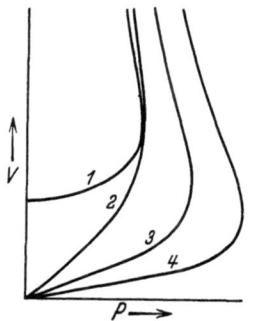

Abb. 48. Bremskennlinien für Verzögerungsbremse. Stufe *1* Nbr, Stufen *2, 3, 4* Fr.Wbr.

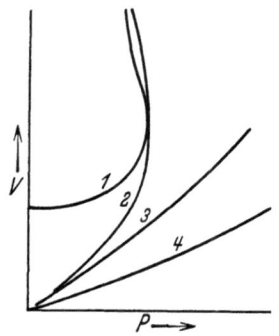

Abb. 49. Bremskennlinien für Verzögerungsbremse. Stufe *1* Nbr., Stufen *2, 3, 4* Fr.Wbr.

Es steht auch nichts im Wege, für den Bereich der niedrigen Geschwindigkeiten die Fr.Wbr. mit Parallelleitung oder Batterieladung anzuwenden. Dann ergeben sich die in Abb. 49 gezeigten Bremskennlinien. Auf Stufe 1 und 2 wird der gleiche Parallel-, auf 2

Die Verwendung der verschiedenen Bremsarten im Fahrzeug. 77

und 3 der gleiche Bremswiderstand benutzt, so daß die Schaltung und Steuerung besonders einfach und billig werden. Dafür entsteht der Nachteil, daß leichter als bei der Anordnung nach Abb. 48 die Achsen ins Rutschen kommen, wenn der Fahrer noch bei hohen Fahrgeschwindigkeiten die letzten Brennstufen einstellt.

B. Die Gefahrbremse.

Die Nbr. kommt als Gefahrbremse nicht in Betracht, weil ihre Wirksamkeit von zu vielen verschiedenen Umständen, z. B. auch von der Fahrleitungsspannung abhängt. Dagegen erscheint die Fr.Wbr. brauchbar. Verwendet man die Schaltung mit Parallelwiderstand, so läßt sich nach Abb. 50 ohne Schwierigkeit eine Bremskennlinie verwirklichen, die sich eng an die Adhäsionsgrenze anschmiegt, also den kürzesten überhaupt denkbaren Bremsweg nahezu erreicht und dabei völlig selbsttätig arbeitet, also vom Fahrer nicht nachgeregelt zu werden braucht. Es wurde aber bereits im Abschnitt 2 B darauf hingewiesen, daß im Betrieb nur selten mit einigermaßen gleichbleibenden Adhäsionsverhältnissen zu rechnen ist, und daß damit die Vorteile einer selbsttätigen Gefahrbremse eine erhebliche Einschränkung erfahren. Es ist möglich, daß der

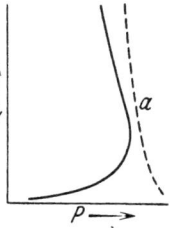

Abb. 50. Gefahrbremse mit Fr.Wbr.
a = Adhäsionsgrenze.

Fortfall der Bremskraftsprünge, die bei der Wbr. beim Fortschalten entstehen, eine so bedeutende Bremswegverkürzung ermöglicht, daß trotz der Änderungen der Adhäsion mit einer einzigen Gefahrbremsstufe vorteilhaft gearbeitet werden kann. Nur durch Versuche auf der Strecke werden sich diese Fragen klären lassen.

C. Die Gefällebremse.

Da der Bahnbetrieb in bergigem Gelände so gut wie stets eine feine Regelbarkeit der Bremse verlangt, kann auf eine große Bremsstufenzahl nicht verzichtet werden. Für die Nbr. mußte die in Abb. 38 dargestellte Schaltung empfohlen werden, und als Wbr. ist hier die gewöhnliche, sich selbst erregende, nicht ungeeignet. Nach der Form ihrer Bremskennlinien sind auch von den Fr.Wbr.-Schaltungen die mit Parallelleitung und die mit Batterieladung brauchbar, namentlich die letztere, weil sie in

78 Schaltungen mit Erregerbatterie.

manchen Fällen vielleicht überhaupt erst die Verwendung der Batterie ermöglicht. Aus schaltungstechnischen Gründen kann es sich empfehlen, die Anordnung der Abb. 51 zu wählen, weil sie sich von der Nbr.-Schaltung Abb. 38 nur durch die Einfügung des Bremswiderstandes unterscheidet und die Bremskennlinien Abb. 52 liefert, die für das Bremsen auf Gefällen geeignet sind.

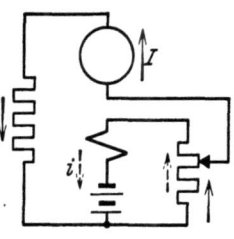

Abb. 51. Fr.Wbr. für Gefällebremse, abgeleitet aus Schaltung Abb. 38.

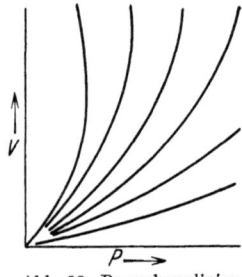

Abb. 52. Bremskennlinien für Gefällebremse mit Schaltung Abb. 51.

D. Die Umschaltung.

Erst die Fr.Wbr. gibt die Möglichkeit, zu jeder Bremskennlinie einer Nbr.-Schaltung eine geeignete Ersatzbremse herzustellen, so daß die Umschaltung zwischen Nbr. und Ersatzbremse jederzeit stoßfrei erfolgen kann.

Auch wenn bei den meisten Bahnen eine solche Umschaltung nicht betriebsnotwendig erscheint, so kann es doch vorteilhaft sein, durch ihre Einführung die Anzahl der für das Bremsen erforderlichen Fahrschalterstufen zu vermindern. Wenn nämlich z. B. bei den in den Abb. 48 und 49 dargestellten Abstufungen eine selbsttätige Umschaltung zwischen den Stufen 1 und 2 durchgeführt wird, so brauchen in beiden Fällen die Fahrschalter nur noch 3 Bremsstufen zu erhalten. Hier ist der Vorteil gering, aber er kann bedeutend werden, wenn z. B. für Bahnen mit gefällereichen Strecken eine große Anzahl von Fahrstufen ausgeführt werden muß.

Am einfachsten, aber auch am wenigsten vollkommen, ist die Umschaltung bei der mechanischen Steuerung. Man braucht dann nur dafür zu sorgen, daß der mit besonderer mechanischer Verriegelung versehene Schalter stets die Verbindung mit dem Bremswiderstand herstellt, wenn er die mit der Fahrleitung unterbricht. Solange die Geschwindigkeit beim Beginn des Bremsens durch die bei der Anfahrt erreichte Fahrstufe genügend zuverlässig bestimmt ist, kann eine solche Umschaltung eine Verbesserung darstellen. Wenn aber öfter der Fall eintritt, daß trotz hoher Anfahrstufe die Grenzgeschwindigkeit beim Beginn des

Bremsens unterschritten wird, so löst der Wagenselbstschalter aus und es entsteht keine Bremswirkung trotz der Umschaltung. Die mechanische Umschaltung erscheint also unvollkommen und dürfte nur selten Vorteile bieten.

Im allgemeinen bedingt also die Umschaltung die Verwendung eines Selbstschalters. Wiederum ist die Anzahl der möglichen Ausführungsformen so groß, daß hier nur wenige Beispiele gebracht werden können. Für viele Fälle dürfte es ausreichen, das Einschaltschütz als Umschalter auszubilden, wie es Abb. 53 zeigt. Wenn der Fahrer die Nbr.-Stufe einstellt, so besteht zunächst stets die Schaltung der Fr.Wbr. Es wird also immer, auch bei niedriger Fahrgeschwindigkeit, unverzüglich Bremskraft entwickelt. Bei schnellerer Fahrt erzeugt der Anker eine höhere Spannung, der Umschalter stellt also die Verbindung mit der Fahrleitung her, und die Nbr. beginnt. Ist infolge des Bremsens die Geschwindigkeit so weit gefallen, daß die Nbr.-Wirkung aufhört, oder kann die Fahrleitung den Rückstrom nicht aufnehmen, so bleibt die Nbr.-Schaltung bestehen: Die Einrichtung schaltet also nur selbsttätig von Fr.Wbr. auf Nbr. um, aber nicht umgekehrt. Ferner schaltet sie bei

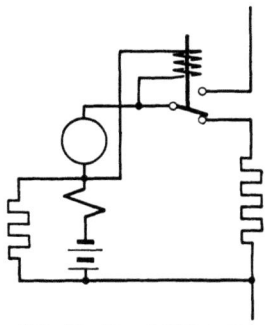

Abb. 53. Umschaltung von Fr.Wbr. zu Nbr.

genügend schneller Fahrt auch dann die Nbr. ein, wenn gar keine Fahrleitungsspannung vorhanden ist: Der Fahrer muß also, wenn sich auf der Nbr.-Stufe keine Bremskraft entwickelt, sofort weiterschalten. An diese Bedienungsweise ist er durch die Wbr. gewöhnt, so daß daraus kaum Schwierigkeiten entstehen dürften. Als selbsttätig kann man also diese Umschaltungsart noch nicht bezeichnen.

Einen Teil dieser Unvollkommenheiten beseitigt die in Abb. 54 dargestellte Schaltung, aber sie verlangt dafür außer dem Umschalter noch einen Stromwächter. Wieder besteht beim Beginn des Bremsens stets die Fr.Wbr., so daß der schnelle Einsatz der gewohnten Bremswirkung gewährleistet ist. Wird die Grenzgeschwindigkeit überschritten, so ist auch der Bremsstrom über eine gewisse Stromstärke heraus gewachsen, und der Stromwächter a spricht an. Er legt die Zugspule des Umschalters b an die Fahrleitungsspannung, und, wenn diese groß genug ist, so werden die Motoren an das Netz gelegt und die Nbr. beginnt. Ist durch das Bremsen die Geschwindigkeit so gering geworden, daß die Bremskraft verschwindet, so fällt der Stromwächter wieder ab und es wird damit auf Fr.Wbr. zurückgeschaltet. Der Stromwächter muß also derartig eingestellt werden, daß er bei einem verhältnismäßig kleinen Strom abfällt und bei einem erheblich größeren anzieht. Das ist stets leicht zu erreichen.

Diese Anordnung berücksichtigt von den Bedingungen, die für die Wirksamkeit der Nbr. erforderlich sind, nur zwei vollkommen, nämlich die, daß die Geschwindigkeit groß genug und daß am Stromabnehmer Fahrdrahtspannung vorhanden sein muß. Die dritte Bedingung ist, daß die Fahrleitung den Rückstrom aufnehmen kann: Ist sie nicht erfüllt und die Geschwindigkeit hoch, so fällt der Stromwächter ab, der Umschalter stellt die Fr.Wbr. her, darauf zieht der Stromwächter wieder an, und so geht das Spiel weiter: Da dabei nur die Fr.Wbr. Bremskraft liefert, muß der Fahrer an den fortwährenden Unterbrechungen der Bremswirkung den Vorgang sofort erkennen und weiterschalten. Ganz ohne Eingreifen des Fahrers arbeitet also diese Schaltung noch nicht.

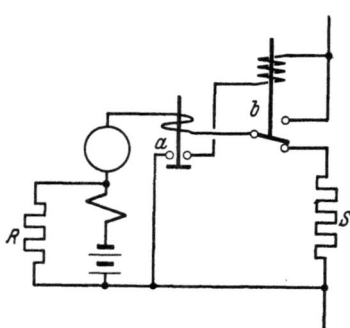

Abb. 54. Selbsttätige Umschaltung zwischen Nbr. und Fr.Wbr.

Soll die volle Bremswirkung der Nbr.-Stufe stets gewahrt bleiben, auch dann, wenn die Fahrleitung den Rückstrom nicht aufnimmt, so ist dafür zu sorgen, daß beim Einschalten der Stufe der Umschalter nur ein einziges Mal die Nbr.-Schaltung herstellen kann. Entwickelt sich dann kein Bremsstrom, so fällt der Stromwächter ab, es entsteht wieder die Fr.Wbr. und bleibt endgültig bestehen. Schwierig ist die Lösung dieser Aufgabe nicht, aber sie bedingt noch ein zweites kleines Hilfsschütz und Steuerkontakte im Fahrschalter. Theoretisch mag eine solche Lösung vollkommen sein, aber es bleibt fraglich, ob nicht durch Schäden an dieser für den Straßenbahnbetrieb schon etwas umständlichen Schaltung häufiger Störungen zu erwarten sind, als bei einer einfacheren Schaltung infolge etwaiger Unachtsamkeit des Fahrers auftreten können.

Schlußbetrachtung.

Es gibt also eine ganze Reihe verschiedener Bremsschaltungen, die gegenüber der bis heute fast ausschließlich benutzten gewöhnlichen Wbr. mannigfache Vorteile versprechen:

Die neueren Nbr.-Schaltungen geben die Möglichkeit, bei den meisten Straßen- und Schnellbahnen schon heute eine so wesentliche Einschränkung der Stromkosten zu erzielen, daß sich die Einrichtungskosten bald bezahlt machen und später mit einer nicht unbedeutenden Ersparnis gerechnet werden darf. Steigen die Verkehrsgeschwindigkeiten weiter so an wie in den letzten Jahren, so muß die Stromrückgewinnung zu einer wirtschaftlichen Notwendigkeit werden.

Mit den neueren Nbr.- und Fr.Wbr.-Schaltungen können die Bremskennlinien so geformt werden, wie es den Anforderungen des Betriebs am besten entspricht. Man ist nicht mehr darauf angewiesen, mit den meistens recht ungünstigen Kennlinienformen der alten Wbr. zu arbeiten. Daher ist es möglich, Fahrschalterstufen einzusparen, dem Fahrer die Arbeit zu erleichtern und die Fahrgäste vor lästigen Bremsstößen zu schützen. Vor allem aber erscheint es möglich, den Bremsweg zu kürzen und damit die Sicherheit zu steigern. Die Ausrüstung des Fahrzeugs mit einer Batterie erleichtert die Einführung mancher zusätzlichen Einrichtung, die ebenfalls dazu beitragen kann, die Sicherheit oder Bequemlichkeit der Fahrgäste zu erhöhen.

Welche von den hier beschriebenen vielen Schaltungsmöglichkeiten sich schließlich für jeden Betrieb am besten eignen, kann letzten Endes nur die Erfahrung lehren. Hier war es nur möglich, die einzelnen Schaltungsarten kurz zu erwähnen und auf diejenigen ihrer Betriebseigenschaften hinzuweisen, die für den großen Durchschnitt vielleicht als die wichtigsten zu betrachten sind. Innerhalb welcher Grenzen die Folgerungen für eine bestimmte Bahn Geltung haben, bleibt von Fall zu Fall zu untersuchen. Indessen haben die Erfahrungen der Straßenbahn Breslau, die sich als erste zur Verwendung der neuartigen Batterieschaltungen entschließen konnte, schon heute manchen Schluß bestätigt, und es darf daher wohl damit gerechnet werden, daß auch die Fr.Wbr. den erhofften Erfolg bringt. Die Fortschritte, die sie verspricht, sind bedeutend genug, um die geringen Kosten, die Versuche mit ihr verursachen würden, lohnend erscheinen zu lassen.

Druck der Spamer A.-G. in Leipzig.

Verlag von Julius Springer in Berlin und Wien

Elektrische Vollbahnlokomotiven. Ein Handbuch für die Praxis sowie für Studierende. Von Dr. techn. **Karl Sachs**, Ingenieur der A.-G. Brown, Boveri & Cie., Baden, Schweiz. Mit 448 Abbildungen im Text und 22 Tafeln. XI, 461 Seiten. 1928. Gebunden RM 84.—*

Elektrische Zugförderung. Handbuch für Theorie und Anwendung der elektrischen Zugkraft auf Eisenbahnen. Von Baurat Professor Dr.-Ing. **E. E. Seefehlner**, Wien. Mit einem Kapitel über Zahnbahnen und Drahtseilbahnen von Ing. **H. H. Peter**, Zürich. Zweite, vermehrte und verbesserte Auflage. Mit 751 Abbildungen im Text und auf einer Tafel. XI, 659 Seiten. 1924. Gebunden RM 48.—*

Die Energieverteilung für elektrische Bahnen. Von Professor Dr. **W. Kummer**, Zürich. (Maschinenlehre der elektrischen Zugförderung, Bd. II.) Mit 62 Abbildungen im Text. IV, 158 Seiten. 1920. Gebunden RM 5.—*

Fahrzeit, Motorleistung und Wattstundenverbrauch bei Straßen- und Stadtschnellbahnen. Allgemeingültige Schaulinien für die Projektierung. Von Dr.-Ing. **Hans Voigtländer**. Mit 17 Textabbildungen. VIII, 64 Seiten. 1931. RM 8.50*

Die Elektrisierung der Berliner Stadt-, Ring- und Vorortbahnen als Wirtschaftsproblem. Von Dr.-Ing. **Remy**, Reichsbahnoberrat in Berlin. (Sonderausgabe des Beiheftes zum Archiv für Eisenbahnwesen, Jahrg. 1931, H. 3.) Mit 15 Abbildungen im Text und auf Tafeln. XI, 239 Seiten. 1931. RM 16.—*

Ⓦ **Gutachten über die Elektrifizierung der Strecke Wien-Salzburg**, erstattet an den Herrn Bundesminister für Handel und Verkehr von dem hierzu bestellten Sachverständigenkollegium. 163 Seiten. 1928. RM 2.80

Erläuterungen zu den Vorschriften nebst Ausführungsregeln für elektrische Bahnen (Bahnvorschriften, V.E.B./1932). Gültig ab 1. Januar 1932. Im Auftrage des Verbandes Deutscher Elektrotechniker und des Verbandes Deutscher Verkehrsverwaltungen herausgegeben von **H. Uhlig**. Zweite Auflage. VIII, 128 Seiten. 1932. RM 7.—; gebunden RM 7.80

Auf die Preise der vor dem 1. Juli 1931 erschienenen Bücher des Berliner Verlages wird ein Notnachlaß von 10% gewährt. Ⓦ *Werk des Wiener Verlages.*

Verlag von Julius Springer in Berlin

Die selbsttätige Signalanlage der Berliner Hoch- und Untergrundbahn. Von **Alfred Bothe,** Oberingenieur der Hochbahngesellschaft. Mit einem Geleitwort von Geh. Baurat Dr. Kemmann. (Erweiterter Sonderabdruck aus „Archiv für Eisenbahnwesen", Jahrgang 1927.) Mit 116 Textabbildungen und 18 Tafeln. X, 164 Seiten. 1928. Gebunden RM 32.—*

Die elektrischen Ausrüstungen der Gleichstrombahnen einschließlich der Fahrleitungen. Von Dr.-Ing. **Th. Buchhold** und Dipl.-Ing. **F. Trawnik,** Oberingenieure der Fa. Brown, Boveri & Cie. A.-G., Mannheim. Mit 267 Textabbildungen. VIII, 312 Seiten. 1931. Gebunden RM 32.—*

Ausrüstung der elektrischen Fahrzeuge. Von Professor Dr. **W. Kummer,** Zürich. Zweite, umgearbeitete Auflage. (Maschinenlehre der elektrischen Zugförderung, Bd. I.) Mit 92 Abbildungen im Text. V, 168 Seiten. 1925. Gebunden RM 9.60*

Die Lokomotivantriebe bei Einphasenwechselstrom. Eine Untersuchung über Zusammenhänge von Motordimensionierung, Getriebeanordnung und Grenzleistung bei Einphasen-Vollbahnlokomotiven. Von Professor Dr.-Ing. **Engelbert Wist,** Wien. Mit 48 Textabbildungen. 100 Seiten. 1925. RM 5.40*

Fahrzeug-Getriebe. Beschreibung, kritische Betrachtung und wirtschaftlicher Vergleich der bei Maschinen verwendeten Getriebe mit fester und veränderlicher Übersetzung und ihre Anwendung auf Gleis- und gleislose Fahrzeuge. Von **Max Süberkrüb,** Regierungsbaumeister. Mit 137 Abbildungen im Text, 16 Abbildungen im Anhang und 15 Zahlentafeln. VII, 190 Seiten. 1929.
RM 24.—; gebunden RM 25.50*

Die Grundlagen der Verkehrswirtschaft. Von Professor Dr.-Ing. **Carl Pirath,** Stuttgart. Mit 100 Abbildungen im Text und auf 2 Tafeln. VII, 263 Seiten. 1934. RM 18.—; gebunden RM 19.50

Das Werk wird dem Wunsch des Verfassers gerecht, dem Verkehrsfachmann Wegweiser zu sein für seine Entschlüsse in der Mannigfaltigkeit des Verkehrswesens und dem Volkswirt das technische Instrument nach seiner technisch-wirtschaftlichen Grundlage näher zu bringen. Dem Studenten wird es die grundsätzlichen Erkenntnisse vermitteln, die für das Studium des Verkehrswesens notwendig sind, aber gleichzeitig erfüllt es die Aufgabe, auch Leitern von Verkehrsbetrieben bei verkehrs- und betriebswirtschaftlichen Überlegungen als Hilfsmittel zu dienen. Das Buch ist von hoher geistiger Warte geschrieben und bringt doch stets den Stoff in faßlicher Form dem Leser nahe. Es schafft „Grundlagen der Verkehrswirtschaft" für die neue Zeit und kann mit gutem Recht zu den klassischen Untersuchungen über das Verkehrswesen gezählt werden.
„*Der deutsche Volkswirt*"

*Auf die Preise der vor dem 1. Juli 1931 erschienenen Bücher wird ein Notnachlaß von 10% gewährt.

MIX
Papier aus verantwortungsvollen Quellen
Paper from responsible sources
FSC® C105338

If you have any concerns about our products,
you can contact us on
ProductSafety@springernature.com

In case Publisher is established outside the EU,
the EU authorized representative is:
Springer Nature Customer Service Center GmbH
Europaplatz 3, 69115 Heidelberg, Germany

Printed by Libri Plureos GmbH
in Hamburg, Germany